Karl-Wilhelm Koch

Eisenbahn-Traumziel USA

Fotoreise in das Land der faszinierendsten Züge der Welt

GeraMond

4416
4416

Inhalt

Die BNSF 4416/4010/713 haben den Soldier Summit hinter sich gelassen und rollen jetzt gemütlich zu Tal.

VORWORT

Amerika, das Land der unbegrenzten Möglichkeiten – doch für den Eisenbahnreisenden gilt dieser Satz eher eingeschränkt! Denn obwohl die USA im Reisezugverkehr eine grandiose Geschichte haben, spielt dieser heute kaum noch eine Rolle im Land. Völlig anders verhält es sich mit dem Güterverkehr. Dieser gilt als ein Musterbeispiel dafür, dass private Bahnunternehmen rentabel sein können. Die Bahnen Nordamerikas üben auf Eisenbahnfreunde eine große Faszination aus. Endlose Güterzüge – oft mit drei und mehr Maschinen bespannt – in grandiosen Landschaften sind die eine Facette aus dem Alltagsbetrieb. Die andere Seite sind komfortable Bahnreisen quer durch den gesamten Kontinent, Museumsbahnen und Großdampflokomotiven mit der Atmosphäre von vor 50 oder 100 Jahren. Eisenbahnerlebnis pur eben! Dieses Land der unbegrenzten Möglichkeiten ist groß. So mag manche Strecke dem kundigen Leser in diesem Buch fehlen – und nicht jede Lokomotivbaureihe konnte abgebildet werden. Kurz gesagt: Dieser Bildband erhebt keinerlei Anspruch auf Vollständigkeit. Er soll einen ersten Überblick geben und einen Eindruck der vielfältigen Bahnen, der Reise- und der Foto-/Videomöglichkeiten und der für Hobbyfotografen interessanten Plätze vermitteln.

Ich danke allen Helfern, ohne die dieses Buch nicht hätte entstehen können, namentlich unseren Zuarbeitern aus dem Redaktionsteam des „Fern-Express", insbesondere den Herren Thomas Estler, Christoph Grimm, Thomas Kabisch und Thorge Bockholt.

Und ich wünsche Ihnen viel Vergnügen
beim „Eisenbahn-Traumziel USA"!

Karl-Wilhelm Koch

Der Sherman Hill Pass in Wyoming ist eine der wichtigsten und am stärksten befahrenen Ost-West-Verbindungen in den USA. Die Union Pacific (UP) wickelt ihren Verkehr über die Rocky Mountains zum größten Teil über diesen dreigleisig ausgebauten Pass ab. Die häufigen Sommergewitter der Region sind oft heftig, aber nur von kurzer Dauer und „hübschen" mit ihren vielen Wolkenlücken die – im Vergleich zu anderen Pässen – etwas langweilige Landschaft eher auf, als dass sie wirklich stören würden.

Entspanntes Reisen – bei Beachtung einiger wichtiger Regeln

Reiseinformationen (Stand 2014/2015)
Die USA sind – aus europäischer Sicht – ein für den Reisenden eher unproblematisches Reiseland, da vieles kaum anders als hierzulande ist. Der Unterschied liegt in der Weite des Landes, der Schönheit und Einzigartigkeit der Nationalparks und der Größe der Mega-Städte. Außerhalb dieser sind selbst die größeren Städte eher provinzieller Natur und daher eigentlich stets sehr überschaubar.

EINREISEBESTIMMUNGEN USA

Deutsche Staatsangehörige nehmen am Visa-Waiver-Programm der USA teil und können als Touristen, Geschäftsreisende oder zum Transit im Regelfall bis zu einer Dauer von 90 Tagen ohne Visum in die USA einreisen, wenn sie:

- im Besitz eines Reisepasses sind,
- mit einer regulären Fluglinie oder Schifffahrtsgesellschaft einreisen,
- ein Rück- oder Weiterflugticket (das nicht in Kanada, Mexiko oder den Karibikinseln enden darf), gültig für den Zeitraum von maximal 90 Tagen ab der ersten Einreise in die USA, vorweisen können

und

- im Besitz einer elektronischen Einreiseerlaubnis sind („ESTA").

ELECTRONIC SYSTEM FOR TRAVEL AUTHORIZATION (ESTA)

Seit 2009 müssen alle Reisenden, die im Rahmen des Visa-Waiver-Programms (VWP) in die USA reisen, vor der beabsichtigten Einreise via Internet eine elektronische Einreiseerlaubnis (Electronic System for Travel Authorization, „ESTA") einholen. Die Beantragung über Dritte (zum Beispiel im Reisebüro) ist möglich. Die einmal erteilte Einreiseerlaubnis gilt für beliebig viele Einreisen innerhalb eines Zeitraums von zwei Jahren. Die zuständigen US-Behörden empfehlen, den Antrag mindestens 72 Stunden vor Reiseantritt zu stellen.

Die ESTA-Beantragung ist seit September 2010 gebührenpflichtig. Es werden 14 US-Dollar erhoben, die Bezahlung erfolgt per Kreditkarte im Internet. Alternativ kann die Bezahlung auch zum Beispiel im Reisebüro erfolgen.

Auch die Einreise auf dem Landweg von Kanada oder Mexiko ist im Rahmen des Visa- Waiver-Programms möglich. Dann entfällt die Pflicht der Vorlage eines Rück- oder Weiterflugtickets sowie der elektronischen Einreiseerlaubnis (ESTA). Grundsätzlich besteht kein Anspruch auf Einreise in die USA, die endgültige Entscheidung über die Einreise trifft der zuständige US-Grenzbeamte.

EINREISEBESTIMMUNGEN KANADA

Für touristische oder geschäftliche Aufenthalte bis zu sechs Monaten ist die Einreise visumfrei, es genügt ein gültiger Reisepass. Auch hier ist vor der Einreise sicherzustellen, dass die Rückkehr in das Heimatland gesichert ist, zum Beispiel durch ein Rückflugticket.

GRENZÜBERTRITTE: KANADA/USA

Der Grenzübertritt in Richtung Kanada (und auch wieder zurück) ist unkompliziert.

Mietwagen können problemlos in beide Richtungen überführt und benutzt werden. Eventuell ist dies der Gesellschaft vorher

Wohl eher an die „Knopf-im-Ohr"-Jugend gerichtet als an Eisenbahnfreunde: Bei dem Warnplakat in Jasper werden die Unterschiede zwischen Deutschland und Nordamerika deutlich. Zum einen sind die Schienenstränge häufig beliebte Abkürzungen in Ermangelung anderer Wege, zum anderen haften die Bahngesellschaften nach dem Verursacherprinzip zunächst einmal bei jedem Unfall und müssen den Opfern nachweisen, dass sie alles getan haben, den Unfall zu verhindern – eben auch durch Aufklärung.

anzugeben. Die aktuellen Bedingungen sollten jeweils vor dem Start mit dem Reisebüro oder über die offiziellen Internetseiten der Staaten bzw. des deutschen Auswärtigen Amtes geklärt werden.

ANREISE

Wenn man sich ohnehin großräumig im vorgegebenen Gebiet bewegen will, ist es eigentlich egal, wo genau man nun anfängt. Daher sollte man jeweils den günstigsten Flughafen (ohne Umsteigen bei Zielen wie Chicago, San Francisco oder Denver in den USA und Calgary und Vancouver in Kanada) für seine Reisezeit herausfinden. Charterflüge (oder Billiganbieter wie Island Air) sind zwar oft etwas preiswerter, fordern dann aber auch Abstriche am Komfort. Beim Umsteigen in den USA sind die zeitaufwendigen Sicherheitskontrollen zu durchlaufen.

AUTO/VERKEHR

Außerhalb der Ballungsgebiete, die mittlerweile oft wieder effiziente Nahverkehrssysteme haben, ist der Reisende zumeist auf das Auto angewiesen, um mobil zu sein. Die Fahrt zwischen den Städten ist dagegen auch per Zug (Amtrak) möglich und empfehlenswert. Die Zugpreise ähneln den deutschen, die Sitze müssen in fast allen Zügen des Fernverkehrs reserviert werden. Für Touristen gibt es günstige Tarife, die auch von Deutschland aus gebucht werden können. Die (extra zu buchenden und zu zahlenden) Schlafwagenabteile sind sehr teuer, für Alleinreisende fast unbezahlbar. Die in Kanada preiswerteren Liegeplätze (mit Vorhangabtrennung) gibt es in den USA nicht. Alternativ gibt es Fernbusverbindungen (Greyhound), die zwar deutlich preiswerter als die Zugverbindungen sind, auf Langstrecken allerdings ein gutes Sitzfleisch abverlangen.

Mietwagen sind in den USA günstiger als in Deutschland, die Leistungen (und Preise) der gängigen Firmen haben sich aufgrund des Konkurrenzdrucks mittlerweile sehr stark angeglichen. Bei Buchungen aus Deutschland sind Steuern und Vollkasko-Versicherung („CDW" – ohne Selbstbeteiligung) inklusive, daher ist die Vorbuchung fast immer preiswerter.
Das Autofahren ist in den USA immer noch sehr entspannt, man fühlt sich aufgrund der großen gegenseitigen Rücksichtnahme hinter dem Lenkrad schnell wohl. Die Benzinpreise sind in den USA zwar längst nicht mehr so günstig wie noch vor zehn Jahren, aber immer noch deutlich niedriger als in Europa. Eine Gallone (ca. 3,8 Liter) kostet ca. 3,50 bis 4,50 US-Dollar.

Beeindruckend ist das amerikanische Rettungswesen. Auch ein völlig harmloser Auffahrunfall an einer Ampel sorgt schon mal dafür, dass innerhalb von wenigen Minuten die Besatzungen

Bahnübergang am Sherman Hill. Selbst Nebenstraßen sind an den Hauptstrecken gut gesichert, nicht ganz ohne Grund: Wenn hier zwei Züge „Elefantenrennen" spielen und dann im passenden Timing auf dem dritten Gleis der Gegenzug kommt, können Autofahrer schon mal eine 15-Minuten-Pause einplanen … Da könnte man durchaus leichtsinnig werden. Die Schranken verhindern dies zwar nicht, erhöhen aber die „Hemmschwelle".

zweier Streifenwagen und eines Rettungsdienstfahrzeuges anrücken, allesamt mit Blaulicht und Sirene – so ist es zumindest dem Autor ergangen, als er einen Kratzer an der Stoßstange produzierte …

GELD

Die gängigen Kreditkarten werden fast überall angenommen, an Tankstellen kann allerdings ein Aufschlag fällig werden. Die Bezahlung größerer Beträge (Hotelrechnungen) mit Bargeld erweckt Misstrauen. Die Reisekosten in Kanada sind aktuell etwas höher als in den USA, was daran liegt, dass sich in den vergangenen Jahren der Wechsel des Canada-Dollars zum Euro weniger verschlechtert hat als der des US-Dollars.

Anfang 2015 bekommt man für 1 Euro ca. 1,15 US-Dollar bzw. ca. 1,35 Kanadische Dollar. Beide Länder sind im Vergleich zu Deutschland jedoch bei den touristischen Kosten wie Hotels, Verpflegung und Mietwagen deutlich unter dem mitteleuropäischen Niveau und somit eher preiswerte Reiseländer.

ÜBERNACHTUNGEN UND ESSEN

Grundsätzlich findet man überall Motels. An Wochenenden und/oder in Touristenhochburgen kann es allerdings schon ab Mittag eng werden, dort sollte vorgebucht werden. Ansonsten kann es vorkommen, dass das letzte freie Zimmer für die nächsten 30 Meilen gerade um 14 Uhr von einem anderen gebucht wurde. Bewährt haben sich Internet-Hotelportale wie Booking.com oder Trivago.com, um tageweise vorzubuchen.

Kostenloses Internet ist fast überall in den Hotels verfügbar, ansonsten begibt man sich auf ein Getränk ins Café oder ins Schnellrestaurant … Außerhalb der Großstädte liegen die Durchschnittspreise für ein Doppelzimmer (immer mit Bad oder Dusche/WC, TV und häufig zwei großen Betten) bei ca. 40 bis 90 US-Dollar. Mittlerweile trifft man auch immer öfter auf das englische „Bed & Breakfast", das hier allerdings nicht billiger ist als das Hotel, dafür meist aber komfortabler und eher mit Familienanschluss. In den Großstädten sind Motels fast nur an sehr verkehrsstarken (und damit lauten) Einfallstraßen zu bekommen.

Die Hotels in den Innenstädten sind wesentlich teurer – oder deutlich schlechter! In New York zum Beispiel muss man bei den preiswerteren Hotels mit 75 bis 150 US-Dollar pro Doppelzimmer rechnen. Die größte Ausnahme stellt hierbei Las Vegas dar, wo vor allem unter der Woche das riesige Zimmerangebot zu sehr günstigen Preisen „verramscht" wird.

„No-Trespassing“-Schildern sollte unbedingt Folge geleistet werden. Verstöße können sehr kostspielig werden. Auch hier spielt das Nordamerikanische Haftungsrecht eine wesentliche Rolle. Zugpersonale geben vereinzelt Meldungen durch, die jeweilige private „Bahnpolizei“ patrouliert in gefährdeten Gebieten.

Ein guter Tipp für die Großstädte ist, sich in einem Vorort mit S-Bahn-Anschluss ein ruhiges Motel an einer Seitenstraße zu suchen und per Zug zu pendeln. Mit dem Auto in die Innenstädte zu fahren, sollte man sich gut überlegen, zumal Parkplätze rar und oft teuer sind.

Frühstück ist bei vielen Hotels/Motels in der Form des „Continental Breakfast“ (Toast, Marmelade, Cornflakes, Orangensaft, Kaffee) im Zimmerpreis eingeschlossen. Auch gibt es in der Nachbarschaft stets günstige Restaurants irgendeiner Fast-Food-Kette. Durchschnittspreise für ein sehr reichhaltiges Frühstück mit Kaffee, Eiern, Schinken, Pfannkuchen und Toast mit Marmelade liegen bei rund zehn US-Dollar.

Auch zum Mittag- oder Abendessen sind die Fast-Food-Ketten mit Sitzplätzen und Bedienung durchaus einen Besuch wert, vor allem aber auch die vielen kleinen Restaurants wie „Grandmother's Kitchen“ oder „Mary's Place“. Die Speisekarten sind meist sehr reichhaltig. Bei vielen kleinen privaten Restaurants und „besseren“ Ketten-Restaurants wird das Essen oft frisch gemacht, die Salate sind immer eine Empfehlung. Die Preise bleiben dabei deutlich unter deutschem Niveau.

Anders sieht es bei den seltener vorhandenen gehobenen Restaurants aus, die meistens von Leistung und Preisen der besseren europäischen Gastronomie entsprechen.

FOTOGRAFIEREN

Das Fotografieren gestaltet sich leider nicht mehr so völlig problemlos wie noch vor den Anschlägen am 11. September 2001:

Mehrfach wurde von Fällen berichtet, bei denen die Polizei von besorgten Anliegern oder zufällig vorbeikommenden Passanten alarmiert wurde, was in der Regel zumindest eine aufwendige Kontrolle der Personalien nach sich zieht. Teilweise wird auch ein Platzverweis und/oder ein Fotografierverbot ausgesprochen.

Vor allem abgesperrte Bahnbereiche, welche mit dem Schild „NO TRESPASSING!“ (teilweise auch entlang der Bahnstrecken) versehen sind, sollten unbedingt gemieden werden.

Es kam in letzten Jahren mehrfach zu Verhaftungen bei Zuwiderhandlung, fast schon berüchtigt ist hierbei vor allem die Museumsbahn Durango–Silverton.

Zum besseren Verständnis muss man sich dabei allerdings das US-amerikanische Haftungsrecht vor Augen führen: Bei einem Unfall auf der Strecke haftet zunächst einmal die Bahn!

Rosie's Restaurant in Woodland, auf dem Weg zum Mount St. Helens Nationalpark: ein typischer Vertreter der vielen empfehlenswerten Familienrestaurants! Von morgens bis abends durchgehend warme und preiswerte Gerichte, frisch gekocht, immer mit einem echten Lächeln serviert …

KURSBÜCHER

Die einzelnen Strecken der Amtrak werden mit Faltzettel „bedacht", die an allen größeren Bahnhöfen für die gesamte Region zu erhalten sind. Mittlerweile ist aber auch wieder ein vollständiges Kursbuch an den Bahnhöfen erhältlich.

FAHRSCHEINE UND RAILPÄSSE

Touristen mit Wohnsitz außerhalb der USA können mit „International Gateway Fares" ermäßigte Fahrscheine ordern. Die Preise liegen auf, teilweise sogar über deutschem Niveau. Günstiger sind die USA-Rail-Pässe: Die Pässe sind für drei unterschiedliche Reisezeiträume und Reiseabschnitte für Reisen überall in den USA erhältlich. Sie kosten ca. 450 US-Dollar (für 15 Tage und acht Abschnitte), ca. 680 US-Dollar (für 30 Tage und zwölf Abschnitte) und ca. 880 Dollar (für 45 Tage und 18 Abschnitte, Stand 2014/2015). Zum Erwerb der USA-Rail-Pässe ist ein gültiger Ausweis erforderlich, der Wohnsitz muss außerhalb der USA liegen. Die genannten Preise für die Pässe gelten für die Coach-Class (Sitzplatz).

Im Gegensatz zu den üblichen europäischen Schienenpässen gilt der jeweilige Pass nicht als Fahrtausweis, sondern berechtigt nur zum kostenlosen Lösen der Fahrscheine. Das mag damit zusammenhängen, dass in den USA, zumindest bei Fernbahnreisen, eine Reservierung üblich und häufig auch angebracht ist. Die Spontanität bleibt damit zwangsläufig auf der Strecke, doch immerhin sind Stornierung und Umbuchungen kostenlos und einfach. Der RailPass muss vom Ausland aus bestellt werden.

Bei Beginn der Reise legt man ihn einer Amtrak-Fahrkartenausgabe vor, die ihn gültig stempelt. Dann lassen sich Reservierungen und Fahrkarten beziehen, die erste Reservierung (oder auch die gesamte Route) lässt sich von Deutschland aus organisieren.

FEIERTAGE USA UND KANADA

Vor allem als Information zu den Betriebstagen der Museumsbahnen in den USA ist es gut zu wissen, wann welcher Feiertag ist:

Memorial Day:	letzter Montag im Mai;
Labour Day:	1. Montag im September (auch in Kanada).

Weitere Feiertage sind:

New Years Day:	1. Januar;
Karfreitag:	Freitag vor Ostern;
Ostermontag:	Montag nach Ostern (nur teilweise in Kanada);
Washington's Day:	22. Februar (nur USA);
Canada Day:	1. Juli (nur Kanada);
Unabhängigkeitstag:	4. Juli (nur USA);
Columbus' Day:	2. Montag im Oktober (nur USA);
Thanksgiving:	4. Donnerstag im November (nur USA);
Veterans Day:	11. November (nur USA);
1. Weihnachtstag:	25. Dezember

Zudem gibt es in den einzelnen Bundesstaaten weitere regionale Feiertage.

Oben Eindrücke rechts und links des Bahndamms – wie hier in der Wüste in der Nähe des Cajon Pass

Links und unten Motive aus dem Monument Valley, das auch ohne Bahnanschluss immer eine Tagestour wert ist.

Kaum noch Konkurrenz im „Wilden Westen“

Klein war der Anfang. In den Pionierzeiten des Eisenbahnbaus existierten noch keine großen Kapitalgesellschaften. Daher waren die ersten Bahngesellschaften sehr klein, zehn bis 40 Kilometer waren übliche Streckenlängen.
Nur die Baltimore & Ohio war von Anfang an auf über 500 Kilometer geplant – zur damaligen Zeit eine große Ausnahme.
Der Bedarf an Transportleistungen über größere Entfernungen nahm jedoch ständig zu, ebenso die Kapitalkraft der Unternehmen. So kam es bald zu Kooperationen und Firmenzusammenschlüssen. Daran hat sich bis heute im Prinzip wenig geändert.

Es entstanden mit der Zeit immer größere Bahngesellschaften. Besonders aktive Zeiten in Sachen Fusion und Konzentration waren die 1890er-Jahre, die 1960er-Jahre und die vergangenen 15 Jahre. Bahnen mittlerer Größe verschwanden immer mehr. Kleine Bahnen (Shortlines) waren als Übernahmekandidaten weniger interessant. Und die staatlichen Kartell- und Aufsichtsbehörden begleiteten die Entwicklung mit mehr oder weniger sinnvollen Entscheidungen.

Ein größerer Umbruch wurde in den 1970er-Jahren eingeleitet. Die erst 1968 gegründete Penn Central wurde 1970 zahlungsunfähig, Größe ist eben doch nicht immer das richtige Überlebensrezept. Diese Bahn und weitere bankrotte Unternehmen des Nordostens der USA wurden 1976 von der staatlichen Auffanggesellschaft Conrail übernommen.
Im Zusammenhang mit der Sanierung, an deren Ende die Reprivatisierung stand (1987), wurde über die Hälfte des anfangs etwa 40.000 Kilometer langen Streckennetzes aufgegeben.
Die Insolvenzen zweier großer Bahnen im Mittelwesten (Rock

Noch fahren Shortline-Züge, man muss nur wissen, wo: Abfahrt des abendlichen Güterzuges über den La Veta Pass nach Walsenburg.

Fusionen und Konkurrenzkampf waren gestern. Wenn heute gemeinsam Geld verdient oder gespart werden kann, tut man dies. Gemischte Bespannungen konkurrierender Bahngesellschaften sind heute durchaus nichts Ungewöhnliches mehr, hier gesehen auf der UP-Strecke Denver–Provo im Byers Canyon, Juli 2013.

Island und Milwaukee Road) entzogen weiteren etwa 22.500 Kilometern Strecke die Fracht. Viele Strecken wurden stillgelegt, einige wurden an andere große Bahnen verkauft.
Es entstanden aber auch eine Reihe neuer Shortlines, die den Betrieb auf einigen dieser Strecken weiterführten.
In den 1980er-Jahren begannen sich die größeren Bahnen von Nebenstrecken und weniger wichtigen Hauptstrecken zurückzuziehen, was zur Gründung vieler weiterer neuer Shortlines führte.
Die erst 1972 entstandene Illinois Central Gulf reduzierte auf diese Weise ihr Streckennetz von über 16.000 Kilometern Länge auf unter 4800. Einige der Neugründungen waren so groß (Längen über 650 Kilometer kamen mehrfach vor), dass man sie als „Regional Roads" bezeichnete.

1995 war die Burlington Northern eine der ganz großen Bahnen der USA. Im Westen lieferte man sich erbitterte Kämpfe um Kunden und Streckenrechte mit der AT&SF, der UP und anderen. Erstere schluckte die BN kurze Zeit später, der entstandene Riese BNSF ist neben der UP im Westen der einzige Überlebende ...

Bis 1990 hatte sich die Zahl der großen Eisenbahngesellschaften (Class 1 Companies) in den USA auf neun reduziert:

- Atchison, Topeka and Santa Fe Railway
- Burlington Northern Railroad (darin die früheren NP, GN, CB&Q, SP&S)
- Conrail
- CSX Transportation (ACL, SAL; L&N, C&O, B&O)
- Illinois Central Railroad
- Kansas City Southern
- Norfolk Southern Railway (SR und N&W)
- Southern Pacific Railroad (D&RGW)
- Union Pacific Railroad (WP, MP, C&NW 1995)

Dies war aber noch nicht das Ende der Zusammenschlüsse. 1995 fusionierte die Atchison, Topeka and Santa Fe Railway mit der Burlington Northern Railroad zur Burlington Northern Santa Fe Railway (BNSF), 1996 übernahm die Union Pacific Railroad die Southern Pacific Railroad, und 1999 schluckte die Canadian National die Illinois Central Railroad. Die letzte große Übernahmeschlacht wurde 1998/1999 um die Conrail geschlagen. Die beiden Konkurrenten Norfolk Southern und CSX Transportation hatten jeweils ein Übernahmeangebot abgegeben. Schließlich einigten sich die beiden Kontrahenten auf die Aufteilung der Conrail. Bahnen aus Kanada haben Anteile an US-Eisenbahnen oder betreiben Strecken in den USA und umgekehrt. Diese Verknüpfungen werden seit der Bildung der NAFTA 1994 noch verstärkt und sind auch beim Rollmaterial sichtbar: Fast alle US-amerikanischen und kanadischen Loks und Wagen können freizügig zwischen den beiden Ländern sowie Mexiko verkehren.

Damit waren es nur noch jeweils zwei große Eisenbahngesellschaften im Westen:

- Burlington Northern Santa Fe Railway (BNSF)
- Union Pacific Railroad (UP)

und zwei im Osten:

- CSX Transportation (CSX)
- Norfolk Southern (NS)

... und aus Kanada mischt mittlerweile die dort aus dem Konkurrenzkampf gestärkt hervorgegangene Canadian Pacific (CP) auch in den USA mit. Durch den Erwerb der Illinois Central Railroad hat die CP mittlerweile sogar eine Verbindung zum Golf von Mexiko. Auch bei den Arbeitsvorschriften und Tarifverträgen kam es zu großen Änderungen. So ist es den Gesell-

Ein UP-Kohlezug bei Canyon-City.
Die ehemalige Strecke der Southern Pacific über den Tennessee-Pass war eine der landschaftlich reizvollsten, aber, mit 30 Promille und einer Seehöhe von 3100 Metern (Scheiteltunnel), auch eine der anspruchsvollsten und schwierigsten Routen. Nach dem Kauf der SP durch die UP 1996 wurde die Strecke durch die leichter befahr- und unterhaltbare Strecke über den Shermans Hill überflüssig und umgehend zur Reservestrecke abgestuft.
2007 wurde die alte SP-Strecke über den Tennessee-Pass nochmals vorübergehend reaktiviert: Das war vermutlich das letzte „Aufbäumen", mittlerweile ist die Strecke offenbar aus dem Unterhaltsbestand genommen und wächst zu.

schaften gelungen, durch die Verringerung des Zugpersonals von fünf auf zwei Mann Besatzung wesentliche Einsparungen zu erzielen.
Inzwischen gehen die Gesellschaften dazu über, vermehrt Abkommen über „Haulage Rights" und „Trackage Rights" bzw. über die gemeinsame Vermarktung von Angeboten zu treffen. Das Transportaufkommen ist aufgrund des Wirtschaftsaufschwunges in den USA in den vergangenen Jahren stark angestiegen. Durch die Einstellung von neuem Personal und den Kauf neuer, leistungsstärkerer und sparsamerer Lokomotiven haben die Eisenbahngesellschaften auch auf diese veränderte Situation reagiert.

Bei den Class 2- und Class 3-Eisenbahnen zeichnet sich ebenfalls eine Stabilisierung ab, da auch diese Gesellschaften vom wachsenden Transportaufkommen profitieren.
Der schon in der Vergangenheit zu verzeichnende Prozess, dass sich einzelne Unternehmen durch den Erwerb weiterer Strecken vergrößern, hat sich fortgesetzt. Hier sind insbesondere die Unternehmen RailAmerica, Genesee&Wyoming und Omnitrax zu nennen. Dieses Gesellschaften betreiben über das ganze Land verteilt einzelne sogenannte Short Line- oder Regional Railroads.

Im Gegensatz zu europäischen Bahnen können die wenigsten amerikanischen Bahnen auf eine über Jahrzehnte stetige Geschichte zurückblicken. Die erste Eisenbahngesellschaft in Kanada war 1836 die Champlain and St. Lawrence Railroad. Weitere Eisenbahngesellschaften entstanden in der Folge vorwiegend im Tal des Sankt-Lorenz-Stroms. Erst 1871 wurde British Columbia Teil der kanadischen Konföderation, als Gegenleistung forderte man unter anderem den Bau einer transkontinentalen Eisenbahnstrecke. Einige Privatleute gründeten deshalb 1881 die Canadian Pacific Railway und bauten eine Eisenbahnstrecke bis nach Vancouver, inklusive einiger Nebenstrecken um Calgary und Winnipeg. In der Folgezeit erwarb die Canadian Pacific Railway weitere Eisenbahngesellschaften in ganz Kanada und in den USA.

Mit dem Erfolg der Canadian Pacific Railway strebten weitere Eisenbahngesellschaften an den Pazifik. Allerdings gerieten ihre Strecken in den Folgejahren in finanzielle Probleme. Die kanadische Regierung bildete schließlich aus diesen angeschlagenen Bahnen die Canadian National Railways. In den 1990er-Jahren wurde die Canadian National Railway durch die Herausgabe von Aktien privatisiert. Gegenüber den US-Konkurrenten haben die Kanadier den Vorteil, dass sie Transporte zwischen den Ozeanen auf eigenen Gleisen anbieten.

DIE BAHNGESELLSCHAFTEN

Die große Vielfalt ist Vergangenheit

Die Class 1-Gesellschaften sind nach Ende der Übernahmeschlachten bestrebt, ihr Netz weiter zu optimieren. Dies bedeutet, dass unwirtschaftliche Strecken verkauft oder stillgelegt werden. Auch werden in kleinerem Umfang andere Gesellschaften gekauft, um noch vorhandene Lücken zu schließen. Kooperationen sorgen ebenfalls für Einsparungen.

Im Wesentlichen sind heute noch folgende große Gesellschaften „im Rennen“:

UNION PACIFIC RAILROAD (UP)

1862 war die Union Pacific Railroad (UPRR oder geläufiger UP) eine der beiden Gesellschaften, die eine transkontinentale Bahn bauten. Die andere Gesellschaft war die Central Pacific. Heute ist die UP die größte nordamerikanische Bahngesellschaft.
Die 150 Jahre dazwischen waren eine sehr wechselvolle Zeit voller Skandale und Korruption.
1893 folgte die erste massive Pleite. 1897 wurde die Konkursmasse der Gesellschaft in Omaha versteigert. Eine Gruppe von Investoren um Edward H. Harriman erkannte, dass nur die Flucht nach vorne helfen konnte. Nach einer Bereisung des gesamten Netzes wurden 25 Mio. US-Dollar für eine erste grundlegende Rekonstruktion bereitgestellt. 1900 übernahm Harriman auch die Southern Pacific, 1913 wurde diese „Elefantenhochzeit“ allerdings gerichtlich rückgängig gemacht.

Der Erste Weltkrieg mit seinen Anforderungen stärkte die UP, während er die Mitkonkurrenten schwächte. Die UP wurde der US Railroad Administration unterstellt, die ihren Schützling nicht zu kurz kommen ließ. Die Wirtschaftskrise der 1920er-Jahre war die nächste harte Prüfung, auch diese wurde erfolgreich überstanden. Erste Schritte zur Verdieselung erfolgten in den Jahren zwischen den Weltkriegen. Der „City of Salina“, der erste Streamliner-Dieseltriebwagen, tingelte „über die Dörfer“ und stellte sich dem staunenden Publikum als das neue Transportmittel vor. Und gleichzeitig zeigten die Dampflokomotivbauer ein letztes Mal, was sie konnten: Die Baureihen „Challenger“ und „Big Boy“ stehen heute noch einzigartig für die Glanzlichter dieser Traktionsart.

Der Zweite Weltkrieg begann, und wieder mussten Millionen Tonnen Material und Hunderttausende von Soldaten befördert werden. Für die UP war das Transportaufkommen eine neue Herausforderung, die erfolgreich gemeistert wurde. Auf dem Höhepunkt des kriegsbedingten Verkehrsaufkommens wurden im Hauptknotenpunkt Cheyenne täglich 212 Lokomotiven gewechselt. Das bedeutet, dass knapp alle sieben Minuten eine Maschine ausgetauscht und anschließend gewartet werden musste.

Am 20. Oktober 1980 wurde der vorletzte Schritt zum Eisenbahnriesen getan: Die UP stellte bei den zuständigen Behörden den Antrag auf Zusammenschluss mit der Western Pacific und der Missouri Pacific. 1982 wurde der UP nach zwei Jahren endlich die Übernahme genehmigt, die Finanzkrise hatte den lang anhaltenden Widerstand der Western Pacific-Eigner gebrochen. Am 22. Dezember 1982 vollzog sich quasi über Nacht ein dramatischer Wechsel. Was folgte, war eine sehr konsequent umgesetzte Markenbereinigung. Innerhalb von Stunden rollte eine Armada von gelb-grauen Dieselloks des neuen Eigners gen San Francisco, während man auf einem Abstellplatz in Salt Lake City praktisch die gesamte Flotte der Western Pacific zusammenzog. Alles, was Farben und Schriftzug der Western Pacific trug, wurde entweder „umgepinselt“ oder gleich abgewrackt. Auf sämtlichen Türen, Schutzhelmen,

UP-Lok-Bewegung auf Caltrain-Gleisen in den Vororten von San Francisco: Vorübergehend muss sich der Nahverkehr mit dem anderen Gleis begnügen …

Aschenbechern und Papierkörben prangte in kürzester Frist das Logo der Union Pacific. Innerhalb von nur drei Monaten war, mit Ausnahme des kleinen Museums in Portola, jede Erinnerung an die Western Pacific ausgelöscht. Mittlerweile wird auch hier umgedacht und die Geschichte gewürdigt: Vereinzelt werden Lokomotiven auch in den Originalfarben der WP neu lackiert, so gesehen im Jahr 2014.
Es folgten weitere Übernahmen, unter anderem 1986 die Missouri-Kansas-Texas Railroad (MKT). Die Gleise der UP verbinden heute unter anderem Chicago mit Los Angeles, Seattle mit El Paso, Houston und New Orleans. Schließlich wurde in einer spektakulären Übernahme 1996 die Southern Pacific geschluckt. Neben der willkommenen Kunden- und Fahrzeugübernahme und Ausschaltung eines lästigen Konkurrenten spielte dabei vor allem die bessere Auslastung der eigenen Strecke eine nicht unwesentliche Rolle.
Auch wechselte im Westen der Donner Pass – die wesentlich kürzere Strecke in Richtung Küste – den Eigentümer.

Ein Motiv, das den Fotografen unter „Zugzwänge" setzte: Der UP-Zug am Südufer des Columbia River war beim letzten Licht in Richtung Osten unterwegs. Fast das ganze Tal lag bereits im Schatten, mit jeder Minute wurde das Licht schlechter. Dann eine Stelle doch noch in der Sonne … aber wie dorthin kommen? Es klappte auf die Sekunde – und nur für genau eine Aufnahme!

5689
5689
UNION PACIFIC

UP-Depot in Denver. Häufig sind Teilbereiche der Depots zugänglich. Zum Verwaltungsgebäude führen oftmals öffentliche Straßen, die gute Fotomöglichkeiten bieten. Hier in Denver bildet eine Straßenbrücke einen guten Standort zum Fotografieren.

Umgehend wurde dieser für die Doppelstock-Containerzüge ausgebaut. Die bisherige, landschaftlich äußerst reizvolle UP-Stammstrecke durch den Feather River Canyon war damit zur Reservestrecke verkommen.
Die UP ist heute ein riesiger Industriekonzern, für Unterhalt und Erneuerungen werden zusätzlich zu den Investitionen Jahr für Jahr 500 Mio. Dollar ausgegeben.
Der Hauptsitz der größten amerikanischen Eisenbahngesellschaft liegt in Omaha, Nebraska. Haupttransportgut sind Autos, Autoteile, Kohle, Weizen und Holzprodukte. Die Lastwagen- und Anhänger-Verladung („Piggybacks") sowie Container-Ganzzüge machen den größten Teil des Verkehrs aus. Dabei werden die zehn größten Häfen des Landes bedient. Die Einführung der Doppelstock-Containerzüge war eine zwangsweise Reaktion auf das immer stärker wachsende Container-Aufkommen. Statt 110 Einheiten pro Zug konnte nun die doppelte Stückzahl befördert werden.
Die UP betreibt heute bis auf die Vorortzüge im Großraum Chicago nur noch Güterverkehr, der Personenfernverkehr wurde 1971 an die Amtrak abgegeben. 7600 Lokomotiven der Union Pacific befördern die Züge auf einem Netz von insgesamt 51.500 Kilometern, davon sind ca. 42.000 Kilometer eigene Infrastruktur, der Rest wird auf fremden Bahnen durch Trassenrechte befahren. Die UP beschäftigt 46.000 Mitarbeiter, sie erreicht 23 US-Staaten im westlichen Teil der USA, etwa zwei Drittel der Landesfläche werden abgedeckt.

BURLINGTON NORTHERN/SANTA FE (BNSF)

Die heutige Burlington Northern/Santa Fe (BNSF) ist der Zusammenschluss der Atchison, Topeka & Santa Fe (AT&SF) und der Burlington Northern (BN).

Atchison, Topeka & Santa Fe AT&SF

Die Santa Fe stand immer für die Eisenbahn im Westen, auch wenn sie es fast nie in ihrer Geschichte schaffte, dem großen Konkurrenten UP den Rang abzulaufen. Ob es um Streckenrechte oder Lokomotiventwicklungen ging – fast immer blieb man „zweiter Sieger". Die AT&SF wurde 1872 als Atchison & Topeka Railroad in Topeka, Kansas, gegründet. Der Gründer Cyrus Kurtz Holliday hatte den Traum einer Verbindung von Kansas nach Santa Fe und begann 1859, noch vor dem Bürgerkrieg, mit deren Umsetzung. 1846 war das ursprünglich spanisch besetzte Santa Fe nach dem Krieg mit Mexiko in

Im Powder River Basin unterqueren am 24. August 2013 die SD70MAC 9996 und die AC4400CW 5628 der BNSF mit ihrem Kohlenleerzug gerade das Förderband zum Ladeturm der Black Thunder Coal Mine, welche rund 90 Mio. Tonnen Kohle im Jahr mit der Bahn abtransportieren lässt.

US-Besitz übergegangen. Außer den guten Verbindungen nach Süden gab es von hier aus die besten Wege gen Westen. Bedeutendstes Transportgut der ersten Jahre waren Rinder, zweitwichtigstes Gut Büffelfelle. Zugmannschaften wie Reisende beteiligten sich am Gemetzel der riesigen Büffelherden, Touristen reisten extra für dieses „Vergnügen" an. Lediglich die Häute und die Knochen (Dünger) wurden verwendet, der Rest der Tiere gammelte vor sich hin.
Ihre erste Krise hatte die Bahn 1879/1880. Eine lang anhaltende Trockenheit ließ komplette Viehherden verdursten und die Landwirtschaft in weiten Teilen entlang der Strecke zum Erliegen kommen. Gleichzeitig gab es eine schon fast biblische Heuschreckenplage. Speziell diese wurde zu einem weiteren Problem der Bahn: Zeitweise wurde der Betrieb dadurch unterbrochen, dass zerquetschte Heuschrecken die Traktion der Loks blockierten.

Für über 100 Jahre setzte die AT&SF in Nordamerika Standards für Komfort und Sicherheit im Schienenverkehr. Wie bei kaum einer anderen Bahn wurde mit Lokomotiventwicklungen und

Ein BNSF-Güterzug hat soeben den Soldier Summit überquert und beginnt seine Talfahrt.

Rollmaterial experimentiert. So wurden beispielsweise Loklangläufe zwischen Kansas City und Los Angeles durchgeführt, als die anderen Bahnen noch mühsam alle paar Hundert Meilen ihre Maschinen wechseln mussten. Auch beim Einsatz von Dieselloks in den frühen 1930er-Jahren war die AT&SF Vorreiter. Die Fahrzeiten, die 1935 mit dem stromlinienförmigen „Super Chief" Chicago–Los Angeles vorgegeben wurden, zu halten, bereitet heute noch der Amtrak Kopfzerbrechen!

Burlington Northern (BN)

James J. Hill (1838–1916) und sein Financier J.P. Morgan waren die treibende Kraft hinter den Bahnen, die 1970 zur Burlington Northern fusionierten. 1878 hatte er die pleitegegangene St. Paul & Pacific Railroad erworben, die ab 1881 Great Northern Railway hieß. Die Northern Pacific Railway, die zur Great Northern etwa parallel verlief, wurde 1893 zahlungsunfähig und wurde daraufhin 1896 von James J. Hill übernommen. Die Spokane, Portland & Seattle Railway zwischen Spokane und Portland war von Anfang an eine gemeinsame Tochter der Great Northern und Northern Pacific. Bereits 1849 war die erste Strecke der Gesellschaft eröffnet worden, die sich ab 1855 Chicago, Burlington & Quincy Railroad nannte.

Das Streckennetz, das 1969 13.500 Kilometer umfasste, verband Chicago unter anderem mit Denver und Minneapolis. Vor allem letztere Verbindung war für James J. Hill interessant, da sie an seine beiden Bahnen direkt anschloss. 1901 wurde die Burlington ein gemeinsames Tochterunternehmen der Great Northern und Northern Pacific. James J. Hill und seine Nachfolger versuchten mehrmals, die Genehmigung für eine Fusion der vier Bahnen zu erhalten. Erst 1970 gelang der Zusammenschluss zur Burlington Northern Railroad.

Zwischen Orin Jct. (bei Douglas) und Gillette im Bundesstaat Wyoming verläuft eine Süd-Nord-Verbindung mit umfangreichem Kohleverkehr, weil sich mehrere aktive Minen entlang des Streckenverlaufs befinden. Vom Südosten kommend biegen die BNSF 6438 + 6066 (ES44AC) mit einem Leerkohlezug am Gleisdreieck Bridger Jct. auf diese Strecke ein, um zu einem der Bergwerke zu gelangen. Bleierner Himmel kündigt am Abend des 26. April 2014 eine Schlechtwetterfront an, die im Norden der USA für ausgiebige Regenfälle und reichlich Wind sorgen wird.

Burlington Northern Santa Fe Corp. BNSF

Im Dezember 1996 wurde die Fusion der Burlington Northern mit der Santa Fe zur Burlington Northern Santa Fe vollzogen.

Der Start war zwar etwas holprig, jedoch längst nicht so chaotisch wie die Übernahme der Southern Pacific durch die Union Pacific ein knappes Jahr später. Letztere Fusion bescherte der BNSF neue Strecken. Damit die BNSF gegen den Zusammenschluss von UP und SP keine rechtlichen Schritte einleitete, wechselten einige Strecken, zum Beispiel jene von Texas nach New Orleans, den Besitzer.

Heute verfügt die BNSF über ein Streckennetz von 31.500 Kilometern in 23 US-Staaten und zwei kanadischen Provinzen. Hierauf werden von 43.000 Angestellten mit 7000 Loks, 98.000 Wagen 1600 Züge pro Tag gefahren.

BNSF-Depot in Pasco, Juli 2013

CSX TRANSPORTATION

Die CSX Transportation (CSXT) ist eine amerikanische Class 1-Eisenbahngesellschaft mit Sitz in Jacksonville, Florida. Mit der Norfolk Southern Railway ist sie eine der beiden großen Eisenbahngesellschaften im Ostteil der USA. In ihrer heutigen Form entstand die CSX in den Jahren 1965 bis 1987. 1967 fusionierten die Atlantic Coast Line Railroad (ACL) und die Seaboard Air Line Railroad (SAL) zur Seaboard Coast Line Railroad (SCL).

Durch weitere Zusammenschlüsse entstand 1982 die Seaboard System Railroad. Parallel wurde aus dem Zusammenschluss der Chesapeake and Ohio Railway (C&O), der Baltimore and Ohio Railroad (B&O) und der Western Maryland Railway (WM) 1973 das Chessie System gebildet. Die einzelnen Bahngesellschaften blieben jedoch selbstständig. 1980 fusionierten die Muttergesellschaften der beiden Zusammenschlüsse Chessie System und Seaboad Coast Line Industries zur CSX Corporation. Der Name CSX bedeutet: „C" = Chessie System, „S" = Seaboard System und das „X" steht für die Fusion der beiden Systeme. Ziel war die Schaffung eines integrierten intermodalen Transportsystems.

In den Jahren 1996/1997 kam es mit der Norfolk Southern Railway zu einem Übernahmekampf um die Conrail. Schließlich einigten sich die Kontrahenten auf eine Teilung des Unter-

Links Mit einem Phosphatzug verlassen die CSX SD70M 4682 + 4696 am 28. November 2005 Mulberry, FL, am Rande des Bone Valley. Dieses befindet sich mit seinen Tagebau-Phosphatminen östlich von Tampa und nördlich von Arcadia. Neben den lokalen Güterzügen zwischen Minen und Fabriken erfolgt die Hauptabfuhr der Fertigprodukte in Richtung Tampa.

Bunte Eisenbahnwelt in der Bahnmetropole der USA, Chicago: Eine illustre Fuhre mit Maschinen zweier Class-1-Bahngesellschaften erreicht auf BNSF-Gleisen den südwestlich Chicagos gelegenen Eisenbahnknoten Joliet. Die führende CSX 7634 ist eine C40-8, die letztgebaute sechsachsige Konstruktion von General Electric mit klassischem Führerstand (18. Oktober 2008).

nehmens. Die CSX übernahm zum 1. Juni 1999 42 Prozent der Conrail, vor allem die früheren Strecken des New York Central Systems.

Das heutige Streckennetz umfasst ca. 43.000 Kilometer. Das Unternehmen beschäftigt rund 32.000 Beschäftigte und setzt ca. 4150 Lokomotiven ein. Die Gesellschaft baut zum großen Teil auf Lokomotiven mit Drehstromtechnik. CSX Transportation betreibt 36 Rangierbahnhöfe und 56 Container-Terminals. Täglich werden rund 1200 Züge gefahren, zum großen Teil Ganzzüge mit Kohle, Containern und Autos. Das Streckennetz zwischen Atlantikküste und Mississippi reicht von Montréal, Buffalo, Detroit und Chicago im Norden bis zum Golf von Mexico, nach New Orleans, Tampa und Miami. Rund 230 Shortline- und regionale Bahngesellschaften haben einen Übergang zum CSX-Netz.

Wichtige Strecken führen von den Kohlelagerstätten in den Appalachen zur Atlantikregion und in den Nordosten der Vereinigten Staaten. Der Südostkorridor verbindet die Städte Nashville, Birmingham und Atlanta mit Memphis, St. Louis und Chicago.

Der sogenannte „Interstate 90-Korridor“ verknüpft Chicago mit New York und den Neuengland-Staaten, einschließlich der Nutzung der „Waterlevel-Route“ entlang des Eriesees. Der „Interstate 95-Korridor“ schließlich verbindet Charleston und Jacksonville mit Baltimore, Philadelphia und New York.

NORFOLK SOUTHERN RAILWAY (NS)

Auch östlich des Mississippis hat der Konzentrationsprozess mittlerweile ein zumindest vorläufiges Ende gefunden. Ende der 1970er-Jahre entstand die CSX als Fusion aus Chessie System und Seaboard Coast Line. Um mit dieser neuen Gesellschaft auch weiterhin konkurrieren zu können, waren die beiden verbliebenen größten Bahngesellschaften im Osten der Vereinigten Staaten, Norfolk & Western und die Southern Railway, zur Fusion gezwungen. Am 1. Juni 1982 entstand so die Norfolk Southern Corporation als Vorläufer, bevor am 31. Dezember 1990 die beiden Gesellschaften zur Norfolk Southern Railway fusionierten.

Bereits ab Mitte der 1980er-Jahre begann sich Norfolk Southern für eine Fusion mit Conrail zu interessieren. Nachdem Conrail jedoch 1987 an die Börse ging, stellte man diese Pläne zurück.

Der CSX-Zug hat vor einiger Zeit Nashville in Richtung Süden verlassen und quält sich auf das Cumberland-Plateau hinauf.

Als Conrail 1996 Fusionsgespräche mit CSX begann, machte Norfolk Southern ein Gegenangebot. In den folgenden Verhandlungen einigten sich CSX und Norfolk Southern auf eine Aufteilung der Gesellschaft. Am 8. Juni 1998 erteilte das Surface Transportation Board die Genehmigung zur Übernahme von 58 Prozent von Conrail zum 1. Juni 1999. Damit erhielt die Gesellschaft unter anderem Zugang nach Neuengland und New York.

Neben Autotransporten aus den Fabriken im Osten und Containerverkehren sind Lkw-Transporte („Piggybacks") sowie der Transport von Lkw-Anhängern auf eigens dafür konstruierten Flachwaggons das Hauptgeschäft.

Rückblick auf die Conrail

Mit dem Bankrott der Penn Central 1970 und einiger weiterer Bahngesellschaften im Nordosten der Vereinigten Staaten sah die Politik die Gefahr, dass eine ganze Region des Landes vom Schienennetz abgeschnitten würde.

So einigte man sich auf die Schaffung einer staatlichen Auffanggesellschaft, eben der Conrail (Consolidated Rail Cooperation), die von den insolventen Unternehmen die Eisenbahninfrastruktur (Rollmaterial, Bahnstrecken) übernahm und in eigener Regie weiterbetrieb.

Folgende zahlungsunfähige Eisenbahngesellschaften wurden 1976 übernommen:

- Central Railroad of New Jersey, auch bekannt als Jersey Central Lines oder CNJ
- Erie Lackawanna Railroad, deren meiste Strecken stillgelegt oder an Shortlines verkauft wurden. Die für den Nahverkehr benötigten Strecken in New Jersey wurden von der NJ Transit erworben.
- Lehigh and Hudson River Railway
- Lehigh Valley Railroad
- Penn Central
- Reading Company

Links An der CSX-Hauptstrecke von Baltimore, MM, und Washington, DC, nach Westen in Richtung Cumberland, WV, gab es lange noch klassisches Eisenbahnflair, wie es auf den zweigleisigen Hauptstrecken der USA sonst seit den 1970er-Jahren nicht mehr zu erleben war. Unter anderem waren bis Oktober 2007 verschiedene mechanische Stellwerke in Betrieb. Am 13. September 2007 rangiert ein Nahgüterzug von CSX sogar noch mit einem Caboose in Hancock, WV. Die führende Lok ist eine umgebaute GP30, die nunmehr nur noch als „Slug" verwendet wird, also nur noch elektrische Fahrmotoren hat und die Energie von der Mutterlok bezieht. Das Stellwerk „HO" in dem Bahnhof wird nur noch zwei weitere Wochen in Betrieb sein. Wenn Fahrdienstleiter James nach Dienstende dann letztmals den Schlüssel von der Stellwerkstür abzieht, wird er zugleich nach 47 Jahren auf dem Stellwerk in Ruhestand gehen. Auch ohne die alten Stellwerke ist die „Cumberland Division" von CSX wegen der hohen Zugdichte immer einen Besuch wert. Pro Richtung verkehren ca. 15 Güterzüge sowie ein Amtrak-Zug am Tag.

Oben Als Beispiel dazu der CSX-Zug mit 7666+8801+2677. Typisch ist, dass die neuen Loks wegen der komfortableren Kabine an der Spitze laufen. Das Foto entstand im September 2007 bei Brunswick, MD, dessen mechanisches Stellwerk als letztes im Dezember 2011 schloss.

Am 1. April 1976 nahm die neue Gesellschaft den Betrieb auf. In der Folge wurde das Netz durch Stilllegungen und Verkäufe verschlankt und der Lokomotivbestand erneuert. Die Eigentums- und Betriebsrechte an der Nordost-Korridor-Strecke Washington–Boston wurden dem halbstaatlichen Fernverkehrsbetreiber Amtrak übertragen, die 1983 den Abschnitt New York–New Haven an Metro North übergab. Auch die elektrifizierte Strecke Philadelphia–Harrisburg kam zu Amtrak. 1981 schrieb Conrail zum ersten Mal schwarze Zahlen.

Ende 1982 gab das Unternehmen seine Nahverkehrsdienste ab. Im Raum Washington, D.C./Baltimore wurden diese von MARC übernommen, Amtrak wurde mit dem Verkehr beauftragt.
Im Großraum Philadelphia übernahm der regionale Verkehrsbetrieb SEPTA die Aufgaben. In New Jersey wurden die noch nicht von der Verkehrsbehörde NJ Transit bedienten Conrail-Dienste NJ Transit unterstellt.
In den Bundesstaaten New York und Connecticut übernahm die Metro North Railroad, eine Tochter der Metropolitan Transportation Authority (MTA) den Nahverkehr und im Raum Boston die MBTA: Diese übertrug den Verkehr zunächst ebenfalls bis 2003 der Amtrak. Seither betreibt Veolia den dortigen Eisenbahn-Nahverkehr.

Mitte der 1980er-Jahre wollten CSX Transportation und Norfolk Southern Conrail aufkaufen. Aber die Gewerkschaften und ein Teil der Aktionäre beider Gesellschaften wurden sich nicht einig. Der Kongress beschloss, Conrail an die Börse zu bringen. Der Börsengang im Jahr 1987 war mit 1,9 Milliarden US-Dollar der bis dahin größte in den USA.

Aufgrund des wirtschaftlichen Erfolges wurde Conrail in den 1990er-Jahren zum Ziel einer Übernahmeschlacht zwischen Norfolk Southern und CSX. Die Übernahme erfolgte zum 6. Juni 1998. Endgültiges Betriebsende der Conrail als eigenständige Gesellschaft war der 31. Mai 1999.

CANADIAN PACIFIC (CP)

Die Canadian Pacific Railway (CP) ist eine Eisenbahngesellschaft mit einem fast 22.300 Kilometer langen normalspurigen Schienennetz in Kanada und in den USA und hat 16.100 Beschäftigte. Die CP Rail bedient in Kanada alle Provinzen außer Prince Edward Island und Neufundland. Über die angeschlossenen Systeme Delaware & Hudson Railway und SOO Line Railroad werden 18 Staaten der USA sowie die Hauptstadt Washington, DC, angeschlossen.

Linke Seite Ein Doppelstock-Containerzug der NS bei Huron in Michigan, es führt die Lok Nr. 9579.

Rechts Die Rockville Bridge gehört zu den bekanntesten Fotopunkten im Osten der USA. Direkt an der Brücke gibt es ein privates Motel mit einer Terrasse speziell für Eisenbahnfreunde.

Über die Hälfte des Güterverkehrs der Canadian Pacific Railway besteht aus dem Transport von Kohle, Weizen und Containern. Die Loks der CP sind in einem hellen Signalrot mit rot-weißen Diagonal-Markierungen an der Front lackiert. Das herrliche Kaminrot/Grausilber mit gelben Zierstreifen ist Vergangenheit.

Der Anschluss der Provinz British Columbia an den noch jungen kanadischen Staat im Jahr 1871 basierte maßgeblich auf der Voraussetzung, dass baldigst eine Verbindung nach Osten geschaffen würde. Die Strecke der CP zwischen Calgary und Kamloops war sicher nicht nur eine der am schwierigsten zu bauenden, sie ist auch eine der am schwierigsten zu unterhaltenden Strecken in Kanada.

Die ganz großen Probleme brachte aber weniger die Geländestruktur, die immerhin die Überwindung zweier Pässe mit Höhenunterschieden von jeweils 1000 Höhenmetern erforderlich machte, sondern vor allem der Schneereichtum dieser Region in den Wintermonaten. Besonders gefährlich ist die Tatsache, dass es durch häufige, kurzfristige Temperaturschwankungen immer wieder zu Lawinen kommt.
Der Bau war weit schwieriger als zunächst erwartet. Einerseits sollte die Strecke nicht zu weit nach Norden führen, damit war der sich anbietende Yellow Head Pass mit immerhin nur 1146 Metern zunächst aus dem Rennen. Er wurde später übrigens von der CN dann doch noch genutzt. Andererseits sollten nach Süden die Grenzen der anliegenden US-Staaten nicht überschritten werden. 1865 fand Walter Moberly einen Übergang über die Monashee-Berge, den er Eagle Pass nannte.

15 Jahre später war die Eisenbahn bis Calgary vorgedrungen, Vancouver wartete aber immer noch auf seinen Anschluss.
Einer der Landvermesser im Dienst der CP war Major A.B. Rogers, ein entschlossener, eigensinniger Mann. Er hatte die Berichte Moberlys studiert und am Reißbrett die groben Vorstellungen seines Schienenweges durch die Berge entworfen. Die CP sagte ihm zu, einen zu findenden Pass nach ihm zu benennen, außerdem wurden 5000 Dollar als Belohnung ausgesetzt – damals ein Vermögen.

1881 stand er am Umkehrpunkt von Perry, nur einige Kilometer weiter entdeckte er einen schmalen Übergang über die Bergkette: Der lang gesuchte Pass war gefunden! Im folgenden Jahr wurden die Vermessungen abgeschlossen, drei Jahre später dampften bereits die ersten Züge durch das ehemalige Niemandsland.

Mitten durch die Skyline von Calgary, AB, hindurch ziehen CP ES44AC 8728, CEFX AC44CW 1028 und CN AC44CW 9711 ihren Ganzzug mit leeren Getreidewagen nach Osten, 25. September 2011.

8728
8728
BMO

Die CP-Loks 9635 + 9816 haben vor Kurzem mit einem Güterzug Lake Louise Richtung Westküste verlassen. (Alle drei Aufnahmen: August 2004)

Die CP-Loks 9752/9763 erklimmen mit ihrem Güterzug den Rogers Pass bei Glacier.

1883 wurde James Ross Chief Manager der Westabteilung der CP. Er selbst übernahm die Leitung der Bauarbeiten. Waren diese von Anfang an schon nicht einfach, so wurden die letzten sechs Monate vor dem Erreichen des Rogers Pass ein mörderischer Kampf gegen Lawinen, Waldbrände und Regenstürme.
Die Lawinen waren nicht nur eine dauerhafte Bedrohung der Arbeiter und des späteren Betriebes, sie verhinderten auch manche einfache Lösung der Streckenführung. Von Osten kommend war bei Kicking Horse ein weiterer Pass zu überwinden.
Im ersten Anlauf wurden hier Steigungen von bis zu 45 Promille eingebaut. Erst nach einer Reihe schwerer Unfällen entschloss man sich 1907, zwei Spiraltunnel zur Entschärfung des Gefälles einzubauen. 1909 wurde diese Strecke eröffnet.

Der Abstieg in das Illecillewaet-Tal war von Anfang an nur möglich durch den Einbau von Kehrschleifen, das Gefälle wäre sonst nicht zu bewältigen gewesen. Bei dem heutigen Städtchen Revelstoke wurden über den bereits bekannten Eagle Pass die Monashee-Berge überwunden.
Am 7. November 1885 folgte der endgültige Lückenschluss mit der Strecke vom Pazifik. 48 Kilometer westlich von Revelstoke bei Craigellaiche wurde ein „last spike" (letzter Nagel) in die Schwelle gehämmert.

Die Berge forderten ihre Opfer für die Herausforderung: Am 1. Februar 1899 verschüttete eine Lawine Bahnhof und Betriebswerk am Rogers Pass, sieben Menschen kamen ums Leben, immerhin acht weitere konnten noch lebend geborgen werden. Es waren nicht die ersten und lange nicht die letzten Opfer des Schnees in dieser Region. Die schrecklichste Katastrophe geschah 1916, als ein kompletter Zug von einer Lawine mitgerissen wurde. 62 Menschen fanden den Tod, wie durch ein Wunder konnte der Heizer der Lok nur leicht verletzt geborgen werden. Von 1885 bis 1911 kamen über 200 Menschen ums Leben. Erst als 1913 ein Scheiteltunnel eröffnet wurde, hatte der „weiße Tod" ausgespielt.

Östlich der Berge war vieles einfacher: In der Prärie wurden allein im Sommer 1882 ganze 772 Streckenkilometer verlegt. Am 8. Juli 1883 wurden beim heutigen Städtchen Strathmore in Alberta an einem Tag 10,2 Kilometer Strecke fertiggestellt. Insgesamt waren 5000 Arbeiter, überwiegend Chinesen, und

Ein Zug mit CP 9548 + 9806 mit insgesamt 150 Leerwaggons hat den größten Teil seiner Bergfahrt hinter sich. Demnächst wird die Station Lake Louise erreicht, wo sich ein sehenswertes Hotel der CP befindet, eine der schönsten Hotellagen weltweit.

1700 Pferdegespanne im Einsatz. 52.300 Tonnen Stahl und 3,4 Mio. Timberschwellen wurden verarbeitet. Bis zum Jahr 1885 hatte der Bau der transkontinentalen Linie die CP 107 Mio. Kanadische Dollar gekostet.

Eine der störendsten Engstellen in der Geschichte der CP war schon immer der Rogers Pass. In den 1980er-Jahren wurden dort endlich die Pläne für einen zweiten Tunnel in die Tat umgesetzt. Er wurde eine Rekordmarke im Eisenbahnbau: 14.660 Meter Länge erforderten neue Ventilationsmethoden, um den Betrieb mit Dieselloks zu ermöglichen. Die Durchlüftung ist so ausgelegt, dass alle 30 Minuten ein Zug passieren kann.
Auch wurde bereits die notwendige Infrastruktur für eine spätere Elektrifizierung mit eingebaut. Insgesamt wurden etwa 33 Kilometer neue Strecke gebaut, durchgehend zweigleisig.

Dadurch, dass normalerweise auch die alte Strecke noch befahren wird, können in der Rogers Pass-Region heute drei Züge zeitgleich unterwegs sein! Die neue Strecke ist wesentlich flacher als ihre Vorgängerin. Die Zeiten der sechs Schublokomotiven, die bis zur Fertigstellung im Mai 1989 auf der Altstrecke oft am Zug waren, sind heute Geschichte. Die neue Strecke spart eine Stunde Fahrzeit und im Jahr 18 Mio. Kanadische Dollar.
Die heutige Gesellschaft Canadian Pacific Ltd. umfasst unter anderem drei Bahngesellschaften, dazu kommen Beteiligungen in völlig unterschiedlichen Bereichen. Erwähnenswert sind z. B. die Luxushotelkomplexe, die dicke Gewinne einfahren. Sie stammen noch aus den ruhmreichen Zeiten des Personenverkehrs – da lag es nahe, die beförderten Gäste auch gleich selbst unterzubringen. Besonders sehenswert ist das Hotel am Lake Louise, dessen Lage, Ausstattung und Service bei erträglichen Preisen wohl einzigartig sind.

Neben der urspünglichen Canadian Pacific, die heute unter CP Rail firmiert, gehören die US-amerikanischen Gesellschaften SOO Line Corporation und die Delaware & Hudson Railway zum Verkehrskonzern. Mit der SOO erfolgte die Fusion 1990, die D&H wurde 1991 geschluckt. Als Hintergrund muss der mittlerweile verwirklichte nordamerikanische freie Markt zwischen Kanada, USA und Mexiko gesehen werden. Das ursprüngliche Netz der CP umfasste neben der Strecke von Montréal aus und der Strecke nach Vancouver Linien in Richtung Osten nach Saint

Ein Zug der CP fährt gerade auf die Joso Bridge und rollt in Richtung Süden über den Snake River.

John (NB) sowie von Montréal nach Quebec, nach Toronto und Detroit (Anschluss nach Chicago) und von Toronto nach Sudbury.
Auch auf Vancouver Island hat die CP Rail das Sagen, wenngleich die Güterzüge dort etwas kürzer sind. Daneben gibt es noch CP-Linien in Neu-Schottland, Neu-Brunswick und im US-Staat Maine. Als Folge des Zusammenschlusses wurde allerdings die Streckenlänge des Netzes fast in Kahlschlagmanier gestutzt: Gab es 1987 noch allein bei der CP Rail 34.000 Kilometer, so sind es heute nur noch 22.300 Kilometer.

WEITERE BAHNGESELLSCHAFTEN

Eine erste Einordnung von Bahngesellschaften in unterschiedliche Kategorien erfolgte zeitgleich mit der Einrichtung der Interstate Commerce Commission (ICC) im Jahr 1887.

Zur Erstellung ihres jährlichen Berichtes wurden die Bahngesellschaften damals in die Kategorien Class 1 (mehr als 1000 Meilen Streckennetz), Class 2 (600 bis 1000 Meilen Streckennetz), Class 3 (400 bis 600 Meilen Streckennetz), Class 4 (250 bis 400 Meilen Streckennetz) und Class 5 (weniger als 250 Meilen Streckennetz) subsummiert. Diese Einteilung wurde bis 1910 genutzt. Ab 1911 galt eine abweichende Regelung, die nunmehr umsatzabhängig war. 1956, 1976, 1982 und 1992 wurden die Bemessungsgrundlagen abermals geändert.

Die Klassifizierung der Eisenbahnen in den USA und in Kanada wirkt sich auf die Erstellung von Statistiken, Berichten, Buchhaltungspflichten sowie gesetzlichen und arbeitsrechtlichen Regulierungen aus.

Die Gesellschaften der Class 1 sind heute die größten Eisenbahngesellschaften mit einem Umsatz bis zu 250 Mio. US-Dollar. Kleinere Bahnen werden als Class 2 (bis 20 Mio. US-Dollar) oder Class 3 eingestuft.
Mittlerweile hat sich dafür auch der Sprachgebrauch der „Regional Railroads" und „Local Railroads" etabliert.

Da innerhalb der Class 2 keine Unterscheidung mehr gemacht wird, führte die Association of American Railroads 1986 drei Kategorien zur Klassifizierung ein:

Die Iowa Traction (IATR) ging aus der Mason City & Clear Lake Railway, einer einstigen Interurban, hervor. Im Gegensatz zu fast allen anderen derartigen Betrieben hat ein Rest dieser Bahn zur Bedienung einiger Anschlüsse im Stadtgebiet von Mason City überlebt und wird bis heute elektrisch betrieben. Als besondere Rarität kommen dabei noch immer Lokomotiven von Baldwin-Westinghouse zum Einsatz, die seit mehr als 90 Jahren im täglichen Dienst stehen. Die 50 wurde im Oktober 1920 in Dienst gestellt. Hier rangiert sie am 7. Mai 2008 am Streckenendpunkt mit einem Schrottwagen.

Container-Leerwaggons warten auf ihre Reparatur, Abstellgleise in Cumberland.

Auf der Strecke Billings–Great Falls in Montana sind neben den gemischten Güterzügen auch Getreideganzzüge anzutreffen. Ein solcher ist hier bei der Durchfahrt in Hobson am 29. April 2014, geführt von CREX 1334 (ES44AC) und NS 9836 (D9-40CW), zu sehen. Bei der Citicorp Railmark Inc. (Citirail, CREX) handelt es sich um eine noch junge Tochtergesellschaft der Citibank, die Lokomotiven an die BNSF verleast. Getreidespeicher, oft mit eigenem Anschlussgleis, prägen weithin sichtbar die Ortsbilder in der vor allem landwirtschaftlich genutzten Gegend. Allerdings sind so schöne Elevatoren in Holzbauweise inzwischen schon selten geworden und meist durch Neubauten aus Blech oder Beton ersetzt.

- Regional Railroads – mehr als 350 Meilen Streckennetz und mehr als 40 Mio. US-Dollar Umsatz.
- Local Railroads (ehemals: Shortline Railroads) – örtlich verkehrende Eisenbahnen, aber mit fahrplanmäßigem Streckenservice.
- Switching and Terminal Railroads – Eisenbahnen, die keine Punkt-zu-Punkt-Transporte (Linienverkehr) durchführen, sondern die Verbindung zwischen Endabnehmern und den anderen Eisenbahngesellschaften herstellen.

In Kanada müssen Class 1-Gesellschaften seit 2004 einen Bruttoertrag von jeweils 250 Mio. Kanadischen Dollar in den letzten beiden Geschäftsjahren erzielt haben.
Derzeit gibt es in den USA sieben Class 1-Gesellschaften. Neben den vier bisher beschriebenen Gesellschaften sind dies noch östlich des Mississippi die Kansas City Southern, die Grand Trunk Corporation – eine Tochtergesellschaft der Canadian National Railway – und die SOO Line Railroad, eine Tochtergesellschaft der Canadian Pacific Railway.

RailAmerica

Am Columbia River führt die UP-Strecke von Hinkle (Oregon) nach Spokane (Washington) entlang. Von Wallula Jct. aus werden verschiedene Betriebe per Bahn bedient, so auch der Anschluss eines Getreidelagers südlich des Rangierbahnhofes. Um dorthin zu gelangen, wird etwa zwei Kilometer die Strecke nach Hinkle genutzt und dabei die Brücke über den Walla Walla River überquert. Mit der Anschlussbedienung beschäftigten sich am 18. April 2014 WAMX 4046 + 4043 (GP40-3) sowie 3920 (GP39). Die Wams-Lokomotiven (Webb Aßet Management) gehören zum Lokpool von Watco Rail Services und sind auf verschiedenen Shortlines im Einsatz.

Links Die Cascade & Columbia River Railroad im Bundesstaat Washington betreibt die Strecke Wenatchee–Omak–Oroville im regionalen Güterverkehr. Am 02. Mai 2014 konnte die CSCD 1001 (GP10) mit einem Güterzug vor dem Betriebsmittelpunkt Omak am Ufer des Okanogan River bildlich festgehalten werden. 1956 von EMD gebaut, stand die Maschine im Dienst von verschiedenen Bahngesellschaften und gelangte 2002 zur CSCD. Seit 1996 gehört die Gesellschaft zur RailAmerica Inc., die mehrere Bahnstrecken in Nordamerika betreibt.

In Kanada gehören die Canadian National Railway und Canadian Pacific Railway in diese „Liga". Amtrak und VIA Rail als Personenverkehrsgesellschaften werden nicht klassifiziert.

Bis Mitte der 1980er-Jahre verfügten alle Class 1-Gesellschaften zusammen über ca. 95 Prozent des gesamten Streckennetzes der Vereinigten Staaten und waren für 97 Prozent des Umsatzes im Bahnbereich verantwortlich.
Durch die Änderung der Klassifizierungsgrenzen sowie die – teilweise zwangsverordnete – Abgabe vieler Strecken an kleineren Bahngesellschaften erreichen die Class 1-Gesellschaften heute auf rund 67 Prozent des Streckennetzes einen Umsatz von rund 93 Prozent der Bahnunternehmen.

Beispiel für eine Shortline: Georgia Northeastern Railroad
Die Georgia Northeastern Railroad (GNRR) hat ihren Sitz in Marietta im US-Bundesstaat Georgia. Sie befördert in erster Linie Waren aus dem Umkreis von Blue Ridge nach Marietta im Großraum Atlanta, wo die Güter auf den stark befahrenen CSX-Korridor zwischen Atlanta und Chicago übergehen. Nach einem Bericht des amerikanischen „Georgia Department of Transportation" arbeiten 26 Angestellte für GNRR, es werden jährlich 9500 Wagenladungen transportiert. Das von der GNRR betriebene Streckennetz hat eine Gesamtlänge von über 160 Kilometern.

Aktuell verfügt die GNRR über zehn betriebsfähige Dieselloks und bedient mit diesen den Transportbedarf des Nordens von Georgia. Das Eisenbahnverkehrsunternehmen fährt regelmäßig wochentags von Montag bis Freitag und bietet bei Bedarf auch samstags Transporte an. Es werden Waren für ca. 25 Kunden transportiert, die hauptsächlich Holz, Getreide, im Norden abgebauten Marmor und im großen Stil Geflügel zur Beförderung

Der Lake Pend Oreille im Norden von Idaho zählt mit einer Länge von 105 Kilometern und einer Fläche von 383 Quadratkilometern zu den größten Seen der USA. Die Strecke der Montana Rail Link von Sandpoint (Idaho) nach Missoula (Montana) verläuft am Nordostufer des Sees. Bei Oden muss auf einem Damm eine Bucht des Sees überquert werden. In den Morgenstunden des 21. April 2014 war ein gemischter Zug, geführt von einem bunten Gespann aus BNSF 9542 + 9590 (SD70MAC) und MRL 355 + 351 + 346 (SD45-3), in Richtung Missoula unterwegs. Die Gesellschaft Montana Rail Link entstand im Jahr 1987 als Ausgliederung aus der Burlington Northern Railroad. Sie arbeitet eng mit der BNSF zusammen, die auf der MRL-Strecke Durchfahrtsrechte nutzt.

Im Süden der kanadischen Provinz British Columbia wurden einige Nebenlinien in den 1990er-Jahren in eigenständige Shortlines umgewandelt. Die größte Gesellschaft war dabei die Kelowna Pacific Railway (KPR).
In der Regel einmal am Tag machte sich ein Zug auf den Weg zum Anschlussbahnhof in Kamloops. Im letzten Licht des 8. Oktober 2008 hat der mit vier GP40 des Leasingunternehmens LLPX bespannte Zug vor wenigen Minuten Armstrong verlassen und taucht in Kürze in die endlosen kanadischen Wälder ein. Die KPR stellte Ende 2013 ihren Betrieb ein, wobei die CN einen Teil des Verkehrs auf reduziertem Netz weiter betreibt.

Im Freiluftdepot der Connecticut Southern Railroad (CSO) in East Hartford erholen sich die B39-8E 8552 sowie die GP38 3844 und 3869 am 2. September 2010 von den Strapazen ihres Arbeitstages. Die CSO gehört zu Shortline Holding Rail America. Die 8552 führte einst die LMX-Leasing (General Electric Leasing) in ihrem Bestand, die 3844 ist eine ehemalige Maschine der Illinois Central RR, während die 3869 mit ihrem „long hood" die Herkunft von der Southern RR nicht verleugnen kann.

Die Alaska Railroad (ARR) ist neben der Amtrak die einzige US-amerikanische Staatsbahn. Das Streckennetz besteht mehr oder minder aus der Verbindung zwischen Seward im Süden Alaskas und Fairbanks im Zentrum des Bundesstaates. Die vom restlichen Netz der USA und Kanadas isolierte Strecke hat eine Länge von 750 Kilometern. Die Loks 4003 und 4012 der Alaska Railroad sind mit einem Leerzug von der Küste Richtung Norden unterwegs.

Mit fünf Loks an der Spitze (MK50-3 5006 + 5004, SD50S 6063 (ex Hamersley Iron in Australien), SD40-2 CEFX 3103 und MK50-3 5005) sowie sechs weiteren Maschinen (MK50-3 5003 + 5002, SD50S 6064 + 6061 + 6060, alle ex HI und MK50-3 5001 kurz vor Zugende) müht sich am 2. September 2013 ein schwerer Kohlenzug der Utah Railway fast im Schritttempo hinauf zum Soldier Summit.

Die Georgia Northeastern Railroad hat ihren Sitz in Marietta im US-Bundesstaat Georgia. Sie befördert in erster Linie Waren aus dem Umkreis von Blue Ridge nach Marietta im Großraum Atlanta, wo die Güter auf den stark befahrenen CSX-Korridor zwischen Atlanta und Chicago übergehen, der sehr gute Anschlussverbindungen ermöglicht.

Eine landschaftlich sehr schöne Shortline ist die Cascade and Columbia River Railroad (CSCD) im Norden des Bundesstaates Washington. Sie wird vom Shortline-Konzern Omnitraxs betrieben und bedient mit einer Gesamtpersonalstärke von sieben Eisenbahnern mehrmals wöchentlich zahlreiche Anschließer entlang der ca. 200 Kilometer langen Strecke. In Oroville, direkt an der Grenze zu Kanada gelegen, werden als Besonderheit kanadische Trucks auf die Bahn umgeladen, da US-Gesetze die durchgehende Beförderung auf der Straße verbieten – ein Detail, welches man im „Autoland USA" nicht unbedingt erwarten würde. Am 7. Oktober 2008 hat der Zug, angeführt von den beiden GP10 1001 und 1002, gerade Oroville verlassen.

liefern. Die Georgia Northeastern Railroad verkehrt heute mit Güterzügen zwischen den Städten Blue Ridge und Marietta in Georgia. Die Strecke liegt nördlich von Atlanta, der Hauptstadt Georgias und führt vom abgelegenen Blue Ridge aus dem Hinterland des Chattahoochee National Forest bis nach Marietta, einer Atlanta vorgelagerten Stadt. Die von Blue Ridge weiter nach Norden führenden Gleise werden heute nur noch für Touristenfahrten genutzt, wofür die GNRR eine eigene Tochtergesellschaft gründete.

Die Strecke wurde zu einer Zeit gebaut, in der weite Kurven billiger waren als Einschnitte. Daher wird einem auf einer Fahrt nach Blue Ridge als Zugführer nie langweilig. Die Strecke beschreibt viele Kurven entlang kleiner Hügel. Überlegungen, die Streckenführung komplett neu zu planen, blieben aufgrund hoher Kosten bis heute stets unberücksichtigt.

1992 waren noch die Originalloks im Einsatz. Der Zug aus Richtung Kayenta hat zum Zeitpunkt der Aufnahme etwa ein Drittel seiner Fahrt hinter sich.

Das Kohlekraftwerk in Page liefert den größten Teil des Stromes für „die Stadt, die nie schläft". Der Transport aus der 125 Kilometer entfernten Kohlemine wird mittels einer eigens gebauten und vom restlichen Netz getrennten Bahnstrecke sichergestellt.

Kohle für Las Vegas

Las Vegas gilt vielen als die verrückteste Stadt der Welt. Und das nicht nur wegen des Glücksspiels und der exzentrischen Themenhotels. Die Stadt mit fast 600.000 Einwohnern steht mitten in der Wüste – eine besondere Herausforderung: Neben der Wasserversorgung stellt die Stromversorgung die größte Aufgabe dar. Die Black Mesa & Lake Powell, kurz BM&LP, ist eine 125 Kilometer lange, elektrifizierte Hauptstrecke und dient der Anfuhr von Kohle zur Stromerzeugung. Die Strecke wurde 1973 eröffnet und war als erste Bahnstrecke weltweit mit 50 Kilovolt, 60 Hertz Einphasen-Wechselspannung elektrifiziert. Sie verbindet eine Kohlemine bei Kayenta im Nordosten Arizonas mit der Navajo Generating Station bei Page.

Hier wird, gemeinsam mit dem benachbarten Wasserkraftwerk des aufgestauten Lake Powell, mehr als die Hälfte des in Las Vegas benötigten Stroms produziert. Der Rest kommt aus dem amerikanischen Netz und kleineren Quellen wie dem weltgrößten Solarthermiekraftwerk, das neu an der Grenze zu Kalifornien gebaut wurde.

Die Strecke hat keine Verbindung zu anderen Bahnen, alle Fahrzeuge mussten auf der Straße aus Williams, AZ, gut 200 Kilometer entfernt, dorthin transportiert werden. Bedingt durch die Isolation ist die Bahn aber fast autark – die knapp 100 Mitarbeiter machen praktisch alles selbst, von der Instandsetzung der Loks und Wagen bis hin zu Gleisarbeiten. Für die Wartung steht eine voll ausgestattete Lok- und Wagen-

Auch die Wasserkraft des – im Frühjahr 2014 bedenklich leeren – Lake Powell versorgt Las Vegas mit Strom.

halle mit Absenkgrube und Bohrwerk sowie einer Unterflurdrehbank zur Verfügung.

Sechs von General Electric gebaute Loks der Reihe E60CF dienten zunächst zur Traktion der Züge. Diese entsprechen technisch den für Amtrak gebauten E60CP, haben aber nur einen Führerstand und sind für eine Spannung von 50 Kilovolt ausgelegt. Von den sechs ursprünglichen Loks ist heute nur noch eine im Einsatz. Vier Loks sind als Ersatzteilspender abgestellt, eine wurde im August 2014 ins Eisenbahnmuseum von Williams, AZ, gebracht. In den Anfangsjahren waren immer zwei Züge mit je zwei Loks auf der Strecke, was aber zu einem hohen Verschleiß führte. Daher stellte man den Betrieb auf nur einen Zug mit vier bis fünf Loks um, der täglich dreimal in einem Acht-Stunden-Rhythmus, jeweils früh, mittags und abends, verkehrt. Dienstags entfällt der Mittagszug für Wartungsarbeiten an der Strecke. Von den 90 Wagenladungen gehen 83 direkt ins Kraftwerk, das mit seinen drei 750 Megawatt-Blöcken gut 1000 Tonnen Kohle pro Stunde verbrennt, die anderen sieben Wagenladungen wandern auf einen 30-Tage-Vorrats-Berg.
Von der NdeM, der staatlichen Bahngesellschaft Mexikos, wurden acht Lokomotiven der Reihe E60C-2 bei General Electric gekauft. Zwei waren von Anfang an als Ersatzteilspender vorgesehen, die anderen sechs wurden von 25 auf 50 Kilovolt umgebaut und bilden heute das Rückgrat der Bahn.

Das aktuell weltweit größte Solarthermie-Kraftwerk an der Grenze zwischen Kalifornien und Nevada gibt der Stromproduktion für die Spielerstadt Las Vegas ein grünes „Feigenblatt".

Die Aufnahme entstand südwestlich von Kayenta am 25. August 2005 und zeigt die neuen Loks. Es führt die ehemalige NdeM EA036, eine GE E60C-2 Lokomotive. Der Zug steht im Loop der Förderanlage bei Kayenta. In absehbarer Zeit wird seine Beladung beendet sein und er macht sich auf den Weg zum Kraftwerk.

Der Verladeturm der Mine in Kayenta überragt, auf etliche Kilometer deutlich sichtbar, die wüstenhafte Umgebung.

Grandiose Landschaften, meilenlange Züge …

Der Westen der USA, zwischen den Rocky Mountains und dem Pazifik gelegen, bietet viel landschaftliche Schönheit. Allein stehende Vulkanriesen, die Cascade Mountains und die nördliche Sierra Nevada, das breite und tief eingeschnittene Columbia River Valley, Schluchten und Pass-Strecken in den Rockies.
Wo Bahnstrecken verlaufen, lassen sich die landschaftlichen Schönheiten perfekt in Fotomotive der Bahnen umsetzen und so verewigen.

ROCKY MOUNTAINS

Die Rocky Mountains durchziehen den nordamerikanischen Kontinent in Nord-Süd-Richtung und stellten von Anfang an eine schwer überwindbare Barriere für den Ost-West-Verkehr dar. Beispielhaft sollen hier einige der sehenswerten Über- bzw. Durchquerungen dargestellt werden. Die Auswahl der Strecken ist eher zufällig, orientiert sich jedoch an der aktuellen Zugdichte, der Erreichbarkeit und vorhandenen Infrastruktur für Urlaubsreisende.

Byers Canyon

Mittlerweile gibt es in der Mitte der Rocky Mountains nur noch zwei Hauptstrecken in Ost-West-Richtung. Neben der Strecke über den Sherman Hill ab Cheyenne über Laramie ist die Strecke ab Denver verblieben. Gleich hinter Denver beginnt ein heftiger Anstieg, der seinen Scheitelpunkt unter der nordamerikanischen Wasserscheide im Moffat-Tunnel hat. Über eine kleinere Hochfläche geht es durch bekannte Wintersportorte wie Winter Park abwärts, bis bei Hot Sulphur Springs der Byers Canyon erreicht wird. In der extrem schmalen Schlucht des hier noch jungen Colorado River müssen sich Straßen, Bahn und Fluss den kaum vorhandenen Platz teilen. Die Schlucht bietet mehrere gute Fotomotive inklusive komfortabler Parkmöglichkeiten. Der Straßenverkehr ist überschaubar, sodass auch Videoaufnahmen problemlos machbar sind. Eine Verfolgung der Züge für drei bis vier Motive ist ebenfalls stressfrei möglich, da diese aufgrund der engen Kurven oft nur Schrittgeschwindigkeit fahren.

Nach ca. zehn Kilometern öffnet sich das Tal erneut, hier liegt die alte Eisenbahnersiedlung Kremmling, die sich als Quartier zur Erkundung eignet. Anschließend entfernen sich Fluss und Bahn von der Straße, wobei auf schmalen, teilweise nicht asphaltierten Nebenstraßen mehrfach die Strecke über mehrere Kilometer hinweg begleitet wird.

Nach Erreichen des Highway 70 folgt der nächste landschaftliche Höhepunkt, der Glenwood Canyon. Ein weiterer guter Standort ist die Oase Green River, von der aus sich auch gut Tagesausflüge in die benachbarten Nationalparks Arches und Canyonlands durchführen lassen.

Soldier Summit

Im weiteren Verlauf schwenkt der Streckenverlauf nach Norden über den Soldier Summit in Richtung Salt Lake City.
Die Strecke wird aktuell auch vom „California Zephyr" befahren. Die Bergstrecke beginnt in dem Bahnstädtchen Helper, wo bis heute die erforderlichen Schub- und Vorspannlokomotiven („Helper-Units") stationiert sind. Hier befinden sich auch heute noch aktive Kohleminen, von denen in beide Richtungen Züge abgefahren werden. Ab hier steigt die Strecke durch eine sehenswerte Gebirgsszenerie an, bis sie die recht offene Landschaft der Passhöhe erreicht. Von dort geht es nach wenigen Kilometern in einer enger werdenden Schlucht hinab nach Provo mit weiteren sehr guten Fotomöglichkeiten. In Provo zweigt die Strecke nach Südwesten in Richtung Las Vegas und

Mit laut hörbaren Bremsen rollt und quietscht am 2. September 2013 ein Kohlenleerzug den Soldier Summit in Richtung Helper hinunter, geführt von den UP-Loks AC4400CWCTE 5869 + 5919 sowie AC4400CW 6053.

weiter zur Küste bei Los Angeles ab. Nachdem der Verkehr einige Jahre fast nur auf die Kohlenzüge der örtlichen Minen beschränkt war, hat der Betrieb dank der Amtrak-Züge wieder deutlich zugenommen.

Echo Canyon

Nach einem längeren Halbwüstenabschnitt durch ein recht unwirtliches Gebiet führt die Strecke vom Sherman Hill kommend wieder in die Ebene um den großen Salzsee hinab. Dazu wurde beim Bau der Echo Canyon genutzt, mit wesentlich mehr landschaftlichen Highlights als am Ostende. Durch die charakteristischen roten Felsformationen der Region schlängelt sich die zweigleisige, im Zweirichtungsverkehr befahrene Strecke und muss sich den teilweise knappen Platz mit dem Highway und einer Landstraße teilen, von der aus über etliche Kilometer hinweg zahlreiche Fotopunkte angefahren werden können.

Vor allem aufgrund des Ost-West-Verlaufes sind in den engen Talabschnitten interessante Motive mit Licht und Schatten umsetzbar. Die Verkehrsdichte ist annähernd so groß wie am Sherman Hill.

Selten gelingt es, die schier unendlichen Güterzüge auf ein Bild zu bannen – hier ist es geglückt: UP 5581 + 7060 + 6267 sowie eine unbekannt gebliebene Schublok bei Kremmling.

Die BNSF 5267/5307 und sieben (!) weitere Loks mit einem Güterzug bei Bonners Ferry am 19. August 2014.

Die UP-Loks 8667/7710/7920/7687 in der hinteren Schlucht des Echo Canyon. Die Ost-West-Ausrichtung ermöglicht selbst im Sommer schon am frühen Nachmittag tolle Motive mit Licht und Schatten.

Ein UP-Güterzug mit den Loks 4261/4710/4963 bei Union, Idaho.

Ein Containerzug der UP verlässt gerade bei Echo den gleichnamigen Canyon auf der Fahrt Richtung Westen, Juli 2013.

Die „Altbauloks" bei UP werden wie bei den anderen großen Gesellschaften nur noch für Nebentätigkeiten und untergeordnete Dienste eingesetzt.
Die 1595 + 1689 + 1037 + 1326 „dürfen" den Wasserzug für eines der Kohlebergwerke bei Price bewegen.

Der Byers Canyon ist Teil der Strecke Denver–Salt Lake City, die eigentlich zu den weniger stark befahrenen Routen gehört. In den Vormittagsstunden, beim besten Fotolicht, ist hier jedoch meistens Hochbetrieb: BNSF 5124 + 7181 + 4036 bringen ihren Güterzug in Richtung Denver.

Der Kohlenzug der BNSF ist unterwegs aus den Minen im Mittleren Westen, hat den Mullan Pass hinter sich gebracht und wird über Sandpoint dann weiter Richtung Columbia-Valley und zur Westküste fahren; Aufnahme bei Clark Fork.

Die sehenswerte Brücke führt über den Lake Pend Oreille bei Sandpoint, Idaho.

UP 7579 + 7578 + 9016 mit dem täglichen „Manifest" von Provo, UT, nach Denver, CO – hier am 21. August 2009 bei Thomson, UT, inmitten der Mondlandschaft der Utah Desert. Heute verkehren auf der alten Rio Grande-Hauptstrecke nur noch wenige Güterzüge, da die UP lieber die wesentlich einfachere nördliche Route von Cheyenne, WY, nach Ogden, UT, nutzt.

9870
9870

Abendlicher Aufbruch in Helena: Die BNSF-Loks 9849 + 9870 ziehen 260 beladene Kohlewaggons aus dem in einer Steigung liegenden Bahnhof Richtung Mullan Pass.

Der ostwärts fahrende Leerzug hat gerade den Scheiteltunnel des Mullan Passes durchquert, für die Schublok 4873 bleiben auf den nächsten Kilometern nur Bremsaufgaben.

Mullan Pass

Der Mullan Pass liegt in den Rocky Mountains von Montana an der „Continental Divide" westlich von Helena auf einer Höhe von 1799 Metern. Die Northern Pacific Railway (NP) verwendete den Pass für seine 1883 erbaute Strecke von Logan, Montana, nach Helena. Die Trasse unterquert den Pass in einer Höhe von 1697 Metern im heute 1066 Meter langen Mullan-Tunnel. Heutiger Betreiber ist die Montana Rail Link. Der Pass wurde nach Leutnant John Mullan, einem Armee-Ingenieur, benannt. Dieser überquerte als Erster den Pass am 22. März 1854 und überwachte im Jahr 1860 den Bau der ersten Straße über den Pass. Auch ein volles Jahrhundert nach der ersten Erkundung bleibt die Route über die Hauptkette der Rocky Mountains eine wichtige Ost-West-Verbindung zwischen Helena und Missoula. In den letzten Jahren ab 2009 wurde der Tunnel kontinuierlich ausgebaut, erweitert und heutigen Bedürfnissen (unter anderem Doppelstock-Container-Transporte) angepasst. Dazu musste der Tunnel 1,50 Meter höher und knapp einen Meter breiter werden. Gleichzeitig wurde damit das alte Problem gelöst, dass sich die Maschinen in dem extrem engen Tunnel (teilweise weniger als acht Zentimeter „Luft" rechts und links der Züge) sehr leicht überhitzen. Den Helper-Units, üblicherweise in der Zugmitte eingestellt, wurde regelrecht der benötigte Sauerstoff abgezogen. Die Tunnellänge wurde dabei von 1187 Metern

Die Nebenstrecke von Brendel zur Potash-Mine bei Moab liegt am Rande des Canyonlands-Nationalparks. Entsprechend reizvoll ist die landschaftliche Kulisse für die – nur selten verkehrenden – Züge. Am 25. Juli 2008 wird der Local beim Anstieg aus dem Colorado Canyon verewigt.

um gut 100 Meter verringert. Ein weiteres sehenswertes Kunstbauwerk der Passstrecke ist die Skylin Trestle, eine Stahlbrücke wenige Hundert Meter hinter dem Tunnel in Richtung Helena. Der Betrieb ist durchaus sehenswert, neben den Kohlen- und Leerzügen der BNSF in Richtung Pazifik verkehren Container- und Autozüge (für Neuwagen) sowie die in den USA immer noch recht häufigen gemischten Güterzüge. Um Kosten zu sparen, kuppelt die UP mittlerweile zwei der ehemals schon recht langen Züge zusammen und fährt sie als Einheit. So kommen dann dann Züge mit sage und schreibe 260 Waggons des Weges, die schon in der Ebene von drei Lokomotiven befördert werden. In Helena – oder je nach Betriebsablauf wenige Kilometer weiter – werden die Helper-Units der Montana Rail Link in den Zug rangiert. Sie fahren entweder direkt hinter den führenden Lokomotiven oder in der Zugmitte. Meist werden drei oder vier Maschinen eingestellt. Die Loks werden nach Überqueren des Passes bei Avon wieder ausgekuppelt und fahren als Lz, teilweise auch im „Doppelpack", also insgesamt mit bis zu acht Maschinen, zurück nach Helena. Die Strecke ist für Fotografen und Videofreunde einigermaßen gut erreichbar. Eine „Dirt Road" begleitet die Trasse mehr oder minder über fast den ganzen Verlauf. Um sie zu erreichen, fährt man in Helena auf der 356 (Birdeye Rd.) in Richtung Nordwesten und biegt dann auf die nicht asphaltierte Austin Road. Diese ist gut befahrbar bis zu dem Bahnübergang, an dem die große, gut erkennbare S-Kurve beginnt. Oder man biegt, von Westen kommend, vom Highway 12 nach links auf die sogar ausgeschilderte „Austin-Mullan-Pass-Rd." und folgt dieser. Sie gelangt dann auf die gerade beschriebene Dirt Road, ist im letzten Teil zwischen Tunnel und Brücke aber eigentlich nur mit Allradantrieb oder Geländewagen befahrbar.

Potash Train

Wer vom Ost-West-Freeway 70 in Richtung Süden nach Moab auf dem Weg zum Arches National Park abbiegt, der findet sich bald parallel zu einer der landschaftlich reizvollsten Bahnstrecken der USA. Hohe Felswände begleiten die Linie nach dem Verlassen der Hochebene. Nachdem sich diese vom Highway 191 entfernt, verläuft sie durch den sehenswerten, aber weitgehend unzugänglichen Bootlegger Canyon, um schließlich das Tal des Colorado River zu erreichen und auf ihren letzten Meilen an dessen Ufer entlang zu verlaufen.

Der einmal pro Woche verkehrende „Potash Local“ (hier nahe Emkay, UT, bei Moab) ist nicht nur wegen der umgebenden Landschaft ein hochinteressanter Zug. Man stelle sich vor, die Deutsche Bahn würde einen Anschluss über 100 Kilometer einmal pro Woche bedienen … die Strecke wäre schon längst stillgelegt und abgebaut – anders bei der UP.

3733
3733

Immerhin ist der Bahnübergang am Sherman Hill offiziell zugänglich und bietet gute Motive. Die No-Trespassing-Schilder sollten umso mehr beachtet werden.

Der bekannte Eisenbahnfotograf M. Danneman schaffte das Kunststück, die Schönheit des Arches Nationalpark mit einem Potash-Zug zu kombinieren.

Da braut sich was zusammen über Sherman Hill. 2001 waren sieben und mehr Loks vor einem Zug durchaus nichts Ungewöhnliches. Heute schaffen zwei oder bestenfalls drei moderne und starke Loks die gleiche Anzahl Waggons.

Ziel der Strecke ist eine Mine für Pottasche am Ufer des Colorado, etwa 25 Kilometer von Moab entfernt.
Von hier aus verkehrt einmal pro Woche ein Zug: Der „Potash Local" war lange Zeit die einzige Leistung auf dieser höchst sehenswerten Strecke ab und bis Brendel/UT, wo dann die Weiterfahrt via Hauptstrecke Denver–Provo erfolgt. Seit 2008 hat die UP so viele moderne Loks, dass auch hier meist die „Wide Cabs" zum Einsatz kommen und nun nur noch in Ausnahmefällen mal eine alte EMD SD40-2 fährt. Der Verkehrstag dieses wöchentlichen Zuges hat sich schon mehrfach geändert. Über Jahre hinweg war es ein Sonntag, aus 2014 liegen Meldungen vor, die auf den Montag als aktuellen Verkehrstag hinweisen. Der Zug beginnt und endet übrigens in Grand Junction/CO. Dort erfragt man auch die Verkehrstage und Fahrzeiten.
Meist startet er dort zwischen 6 und 7 Uhr und erreicht Moab gegen Mittag. Seit April 2009 hat sich die Verkehrsdichte deutlich erhöht, wenn auch aus unerfreulichem Anlass.
Radioaktiver Sondermüll, der bisher behelfsmäßig gelagert wurde, wird nun dauerhaft entsorgt, was bei den vorhandenen Mengen (16 Mio. Tonnen) eine Aufgabe für etliche Jahre sein wird. Bis zum Februar 2013 waren ganze 36 Prozent des Volumens befördert. An fünf Tagen pro Woche verkehrt der Zug, teilweise mehrmals täglich, mit fast 5000 Kubikmetern radioaktiv kontaminiertem Boden nach Norden.
Ziel ist eine Deponie nordöstlich von Brendel und Crescent Junction, Utah. Um Rangiervorgänge zu vermeiden, ist jeweils eine Lok pro Zugende vorgesehen. Zwischen der Lok und dem beladenen Zug läuft je ein leerer Schutzwagen mit. Dadurch soll die mögliche schwache Strahlung für das Lokpersonal reduziert werden.
Bei Moab und bei Brendel sind große und aufwendige Umladeanlagen gebaut worden. Hier herrscht strengstes Fotoverbot. Auf der Strecke gibt es aber keine Probleme.

Sherman Hill

Die „Hauptrennstrecke" der UP in Richtung Ost-West führt über Cheyenne in die Rocky Mountains und dann weiter nach Odgen bei Salt Lake City. Der Sherman Hill ist eine der unspektakuläreren Eisenbahn-Passstrecken der USA.
Die hohe Betriebsdichte und die interessante Streckenführung von drei in beide Richtungen befahrbaren Gleisen auf zwei teilweise voneinander unabhängig geführten Trassen macht einen Besuch jedoch empfehlenswert. Auf der Westseite verläuft die Strecke in der Nähe des Highways, ist aber schlecht bis gar nicht zugänglich. Noch schlechter ist es auf der Ostseite, hier sind die spärlich vorhandenen Wege mit „No Trespassing"-Schildern bepflastert. Eine sehr gute Möglichkeit zum Fotografieren bietet jedoch ein Bahnübergang über alle drei Gleise auf dem Scheitelpunkt, der über eine „Dirt Road" erreichbar ist.
In der Nähe befindet sich auch ein Denkmal zum Bau der Ost-West-Strecke, wo General Sherman gewürdigt wird. Ein Blick in die Geschichte: Präsident Abraham Lincolns Pacific Railroad Act aus dem Jahr 1862 war der Startschuss zum legendären Wettlauf der Eisenbahngesellschaften um die erste durchgehende Schienenverbindung des nordamerikanischen Kontinents.
Für die Union Pacific Railroad stellte sich dabei das Problem, aus-

gehend vom Gebiet des Staates Nebraska westwärts über die Rocky Mountains zu kommen. James A. Evans war es vergönnt, den später realisierten Übergang über die Laramie-Berge am Lone Tree Creek vorzuschlagen. Die Passage wurde zu Ehren des sehr populären Bürgerkrieg-Generals William T. Sherman nach diesem benannt. Am 2. Juli 1867 setzte General Dodge den ersten Messpfahl in der Eisenbahnersiedlung Cheyenne.
Anfang Dezember 1867 erreichte der Schienenstrang die Station Granite Canyon, 30 Kilometer westlich von Cheyenne. Bis Mitte März 1868 erreichten die Gleise Buford, am 5. April war man in Sherman. Am 4. Mai 1868 erreichte der erste Zug die neue Stadt Laramie, begleitet von einem mächtigen Wintersturm.
Ob es der Ursprung in einem militärischen Fort war oder die Tatsache, dass die Union Pacific 300.000 Dollar für Lokschuppen und Werkstätten aus Naturstein spendierte – Laramie hat die

Im unscheinbaren Bahnhof von Palm Springs, CA, warten am 1. Juni 2008 vor einem gemischten UP-Güterzug (Doppelstock-Container und Autotransport) die ES44AC 7803, C44-9W 9814 und SD70M 5202 auf ihre Weiterfahrt. Palm Springs ist ein historischer Urlaubsort, der 190 Kilometer (114 Meilen) östlich von Los Angeles, Kalifornien in der oberen Colorado Wüste östlich des 4,500 Meter hohen San Jacinto Berggipfels zu finden ist. Dieses trockene Wüstental liegt im Regenschatten der Santa-Rosa-Berge und bietet warmes, trockenes und sonniges Klima, anders als die Stadt Los Angeles, die nur zwei Stunden westlich liegt. Vor Jahren war Palm Springs der Wochenend-Urlaubsort für viele berühmte Hollywood-Filmstars und Filmgrößen. Ringsum gibt es Palm Springs, Desert Hot Springs, Cathedral City, Rancho Mirage, Palm Desert, Indian Wells und Indio, die eine elegante Metropolis bilden. Kennzeichnend sind viele großzügig angelegte Villen, üppige grüne Golfplätze, elegante Einkaufszentren mit feinsten Designer-Läden und erfolgreiche Restaurants, alles von hohen Palmen beschattet. Der Bahnhof von Palm Springs ist für den Reisezugverkehr jedoch eher uninteressant, da hier nur dreimal pro Woche in jede Richtung der „Sunset Limited" (New Orleans–Los Angeles) zu nachtschlafender Zeit hält.

Der Feather River Canyon in Nordkalifornien war bis 2010 für die UP eine wichtige West-Ost-Strecke. Seitdem wird jedoch praktisch aller Verkehr über den Donner Pass geleitet, da dieser für Doppelstockzüge ausgebaut wurde. Auf der südlichen Teilstrecke bis zum Keddie Wye wird die Route durch den Feather River Canyon jedoch auch heute von der BNSF unverändert mitgenutzt. Ein solcher Zug mit leeren Containerwagen donnert im Oktober 2008 bergwärts.

Durch das „Tal der Winde" bei Palm Springs ziehen am 2. September 2011 die UP 7753 und 5480 sowie die CSX 5313 ihren Doublestack-Container-Zug in Richtung Texas. Diese Windmill Farm mit hunderten von gigantischen Propellern auf schlanken Türmen erinnert daran, dass die Enge des San Gorgonio Passes (von Los Angeles herkommend) ein geologisches Charakeristikum ist und als ein Trichter funktioniert, der die Küstenwinde vom Pazifik her anzieht.

Man merkt, dass die UP den Schwerpunkt des Verkehrs auf Container legt. Dieser Zug hat gerade Reno verlassen und fährt jetzt bergauf zum Donner Pass …

stürmischen Gründerzeiten überlebt und beherbergt heute noch die zentrale Schienenfertigung der Union Pacific. Und aus dem Eisenbahnstädtchen Cheyenne ist die äußerst schmucke Hauptstadt des Staates Wyoming geworden.

DER SÜDWESTEN

Der Südwesten der USA, geografisch etwa zu umschreiben mit den Staaten Kalifornien, Nevada und Arizona, ist geprägt von Wüsten und Gebirgsausläufern, mit Ausnahme der grünen Pazifikküste. Die südlichen Ausläufer der Coast Range und der Sierra Nevada, wilde Canyons in der Hochebene (der bekannteste: der Grand Canyon) und Abspreizungen der südlichen Rocky Mountains bestimmen die Landschaft und forderten unkonventionelle Ideen der Streckenplaner.
Die beiden Highlights der Region sind der Cajon Pass der Strecke Barstow–Los Angeles und der weltbekannte Tehachapi Loop (Barstow–Bakersfield).

Donner Pass

Der Donner Pass wurde nach George Donner benannt, Führer der Donner Party, einer Gruppe von deutschstämmigen Siedlern. Der Pass wurde 1868 nach fünf Jahren Bauzeit mit der Fertigstellung des 506 Meter langen Summit-Tunnels eingleisig in Betrieb genommen. Der Bau weiterer drei Tunnels und vieler Schneegalerien war erforderlich. Für die Arbeiten wurden

Ein ausnahmsweise einfach bespannter Containerzug der UP rollt die letzten Kilometer des Donner Passes hinab und hat demnächst Reno erreicht ...

15.000 Chinesen angeworben. 1925 erfolgte der zweigleisige Ausbau, hierzu war auch ein neuer 3146 Meter langer Tunnel nötig.

Die Union Pacific (ehemals SP-) Strecke von Reno nach Sacramento überquert die Sierra Nevada auf dieser mittlerweile schnee- und lawinenfest verbauten Passstrecke.
Sie ist heute weitgehend, aber nicht vollständig, zweigleisig ausgebaut und mittlerweile auch für Doppelstock-Containerverkehr eingerichtet. Dazu mussten in etlichen Tunneln die Gleise sehr aufwendig tiefergelegt werden. Durch den Lawinenschutz sind im Passbereich praktisch keinerlei Fotomöglichkeiten mehr gegeben. Wesentlich besser sieht es ostwärts ab dem Eisenbahner- und Touristenstädtchen Truckee aus. Hier verläuft die Strecke in dem engen Tal des Truckee River und von Seitenstraßen oder sogar von den halboffiziellen, gut frequentierten Parkplätzen des Highways ergeben sich immer wieder gute Blicke auf die Strecke.

Der Verkehr ist – allerdings nach wie vor mit großen Pausen – durch den Containerverkehr wesentlich dichter als in früheren Jahren, zu Lasten übrigens der ebenfalls sehr sehenswerten Strecke durch den Feather River Canyon, die heute leider fast nur noch als Reservestrecke bei Störungen dient. Auch hier verkehrt der California Zephyr in beiden Richtungen jeweils im besten Licht.

… während dieser Zug gerade die Passhöhe und das Städtchen Truckee hinter sich gebracht hat und nun nur noch bergab rollt.

Region Kingman

Die Geschichte der Stadt Kingman ist eng mit der Eisenbahn verbunden. Sie entstand 1882 an einer Ausweichstelle für Züge. Die Santa Fe Railway errichtete 1907 den ersten Bahnhof. Heute liegt die Ortschaft an der sehr betriebsreichen Bahnstrecke von Flagstaff nach Barstow. Die Strecke wird heute von der BNSF unterhalten und ist ein bedeutender Korridor im Güter- und Personenverkehr zwischen dem Mittleren Westen und Kalifornien. Innerhalb des Stadtgebietes verlaufen die beiden Trassen durch einen sehr fotogenen Canyon. In der Nähe, an der alten Route 66, liegt ein weiteres Highlight, der Crozier Canyon. Der nahe Grand Canyon mit dem Eisenbahnerstädtchen Williams und seiner Museumsbahn lädt zum Verbleiben in der Region ein.

Cajon

Im Gegensatz zu den anderen Pässen gilt, dass hier auf der Westseite jeweils der wesentlich größere Höhenunterschied zu überwinden ist. Grund ist die sich östlich anschließende Hochebene zwischen der Sierra Nevada und den Rocky Mountains mit einem durchschnittlichen Niveau von etwa 700 bis 1000 Metern über NN. Auch beim Cajon-Pass (gesprochen: Kachon, deutsch: Schlucht) gibt es auf der Ostseite fast überhaupt keinen erkennbaren Abstieg. Mit Erreichen der Hochebene ist die Passfahrt scheinbar beendet. Betrachtet man die tatsächlichen Zahlen, dann muss man diesen Eindruck korrigieren. Denn zwischen der Passhöhe von 1737 Metern und dem etwa 30 Kilometer entfernten Städtchen Victorville mit 828 Metern liegen doch immerhin

J.B. HUNT
J.B. HUNT
SWIFT

BNSF
7185
7185

Oben Auch der Kingman Canyon westlich des Städtchens Kingman bietet bei einer zweigleisigen Streckenführung reizvolle Motive in beide Richtungen. Die Strecke L.A. bzw. San Fransico–Barstow–Flagstaff–Albuquerque ist die südliche Ost-West-Verbindung der BNSF und entsprechend dicht befahren. Große Teile der Strecke sind zweispurig ausgebaut, die Züge fahren zeitweise im Blockabstand.

Beide Aufnahmen linke Seite Auch der Crozier Canyon bei Kingman in Arizona wird von der „Ost-West-Rennstrecke" BNSF durchquert, entsprechend hoch ist hier die Zugdichte. Immer da, wo der nicht durchgehend zweispurige Ausbau fehlt, kommt es zum Stocken.

Noch wenige hundert Meter, dann röhrt der BNSF-Zug mit seiner bunten Bespannung durch das Städtchen Kingman und stört nachhaltig den Mittagsschlaf der Bewohner am Ostersonntag 2013.

BNSF

Oben Ein Triple von BNSF-Maschinen eilt mit einem Containerzug bei Williams westwärts. Im Hintergrund der mit 3851 Metern höchste Berg Arizonas, der Humphreys Peak. **Rechte Seite** Kurz vor Summit, dem Gipfel des Cajon, gibt es einen Parkplatz mit hervorragender Aussicht auf die Strecke und auf die gegenüberliegende Bergkette. Wenn der Smog von L.A. das Tal heraufwabert, ist dieses Motiv allerdings nur halb so beeindruckend.

900 Höhenmeter, die sich auf der sanft abfallenden Hochebene allerdings perfekt „getarnt" verteilen. Auf der Los Angeles zugewandten Seite geht es wesentlich „wilder" zu. Von San Bernadino kommend, bemühten sich die Trassenbauer der UP, der AT&SF und der SP, im engen Tal des Cajon Canyon zunächst eher einfallslos, den knappen Platz in etwa gerecht zu verteilen – waren doch auf engstem Raum auch noch die mittlerweile teilweise zehnspurige Schnellstraße und das Flüsschen „unterzubringen". Im unteren Teil ist immerhin noch Platz für die mittlerweile stillgelegte – aber noch befahrbare – einst vierspurige Route 66, die gute Fotomöglichkeiten eröffnet. Der aktuelle Highway tut dies zwar auch, aber ein ausgiebiger Fotostopp auf dem Standstreifen scheint nicht angeraten.

Bei Cajon Junction verlassen die Strecken das Tal des Freeways, nachdem sie sich auf den letzten Metern durch malerische, von Urzeitgletschern rund geschliffene, gelbe Felsmassen gewunden haben. Im Abschnitt unterhalb von Sullivans Curve quert die Trasse übrigens die San-Andreas-Spalte, deutlich zu erkennen an Rissen in den Felswänden und an der anderen Farbe des Gesteins. Erst kurz vor dem Gipfel wird es wieder enger, auf der Passhöhe müssen sich die Santa Fe und die UP sogar eine Trasse teilen, wenngleich der Verkehr hier dreigleisig geführt wird.

Die ehemalige SP-Strecke wurde etwas dazu höhenversetzt mit einigen Dutzend Meter Entfernung installiert, entfernt sich nach der Passhöhe dann allerdings auch mit dem Ziel Palmdale. Die BNSF/UP-Strecken führen über Victorville nach Barstow. Hier auf der Passhöhe ist der Blick auf die Strecken mit den eisbedeckten Dreitausendern der Gabriel Mountains im Hintergrund und hellem Sandgestein neben den Schienen besonders fotogen.

Im April 2009 passieren drei Maschinen der UP auf dem hinteren Gleis des Cajon die bekannten glatt geschliffenen Felsen in Richtung L.A.

Die Passhöhe des Cajon ist fast erreicht. Hier oben gibt es noch letztes „Büchsenlicht“, während die unteren Teile des Passes schon lange im Schatten liegen.

Die schon lange stillgelegte, aber immer noch befahrbare „Route 66“ bietet vor allem vormittags etliche gute Motive aller drei Strecken. Eines dieser zahlreichen Motive in der Nähe der Abzweigung der „138“ zeigt neben den glatt geschliffenen, charakteristischen Moränenfelsen bei gutem Wetter im Hintergrund den Mount San Antonio, mit einer Seehöhe von 3069 Metern der höchste Gipfel der San Gabriel Mountains und somit der höchste Punkt im Los Angeles County, Kalifornien.

BNSF
4675
BNSF
7554

Ein bergab fahrender Containerzug der BNSF mit fünf Maschinen in gleicher Bauart und Lackierung rollt im letzten Sonnenlicht des Tages L.A. entgegen, das er in einer knappen Stunde erreicht haben wird. Die Aufnahme entstand im unteren Teil des Cajon-Passes.

Von der „138" lassen sich mehrere Motive auf zugelassenen, allerdings nicht asphaltierten Wegen erreichen, diese Aufnahme des bergauf fahrenden BNSF-Zuges entstand am späten Nachmittag.

Mittlerweile werden die Gleise von BNSF und UP nach Absprache gemeinsam genutzt. Aufgrund der hohen Verkehrsdichte wurde sogar ein durchgehendes drittes Gleis verlegt. Von den Passstrecken in Kalifornien ist der Cajon heute mit Abstand die am stärksten genutzte Strecke.
Die Bewegungsfreiheit im Gelände ist nach einigen wegen der Terrorgefahr angespannten Jahren wieder recht entspannt. Auf Befragung der Bahnpolizei wurde bestätigt, dass alle nicht mit „No Trespassing" beschilderten Wege befahren und erst recht begangen werden dürfen. Lediglich vor den „Wash-outs" wurde gewarnt, da sich die gängigen Pkws dort leicht festfahren würden.

Tehachapi

Der Tehachapi Pass (gesprochen: Tihätschäpi mit Betonung auf der zweiten Silbe) bildet die Verbindung zwischen dem Großraum San Francisco und – da sich die Strecke in Mojave verzweigt – Las Vegas sowie darüber hinaus mit dem Südosten der USA sowie mit Los Angeles und der Südküste.
Die Streckenlänge des Passes beträgt bei etwa 80 Kilometern Luftlinie zwischen Bakersfield und Mojave mehr als das Doppelte. Bei einer Gesamthöhe von nur 1156 Metern werden allerdings über 1000 Meter Höhenunterschied überwunden. Die größte Betriebsdichte liegt hier in den sehr fotogenen Morgen- und späten Nachmittagsstunden.
Über die Mittagszeit kann es zu stundenlangen Betriebspausen kommen. An Werktagen wurde mittlerweile ein Teil des Verkehrs in die Nachtstunden verlegt.

Die Strecke Caliente–Mojave wurde in den Jahren 1874 bis 1876 unter der Regie des Ingenieurs J. B. Harris erbaut. Die durchschnittliche Steigung beträgt 2,2 Promille über 45 Kilometer der

Die sehenswerten Gletscherfelsen sind schon Fotomotiv genug und eignen sich als Hintergrund nicht nur für die schnöden Dieselloks. Der lokale Fotoclub hatte dies erkannt und setzte sein Modell entsprechend in Szene. Man kannte die Fahrtzeiten der Züge auf dem dritten Gleis des Cajon-Passes offenkundig recht genau, denn während des rund drei Stunden dauernden „Shootings" kam in der Tat kein einziger Zug!

Strecke. Gebaut wurde in soliden Granit, die Trasse wurde überwiegend in Handarbeit von 3000 Chinesen aus der Provinz Kanton aus dem Fels gehauen. 18 Tunnels und zehn Brücken waren zusätzlich erforderlich. Die Strecke war das letzte fehlende Verbindungsstück zwischen Los Angeles und San Francisco.
30 Züge verkehren heute im Tagesdurchschnitt, Personenverkehr findet nach wie vor keiner statt, der Amtrak-Verkehr von Norden her endet in Bakersfield.
Die guten Fotomöglichkeiten beginnen vor Caliente (Abfahrt vom Highway 58), wo eine neu asphaltierte Straße in Richtung Bakersfield neue Fotomöglichkeiten erschließt. Caliente selbst bietet eine Horseshoe-Curve.

Vom Bahnübergang auf halber Strecke bei Bealville lassen sich einige gute Fotomöglichkeiten auf dem freigegebenen Weg entlang der Strecke erwandern. Wenige Kilometer weiter folgt dann das Highlight der Strecke, der Loop. Leider sind große Teile des Geländes in Privathand und nicht frei zugänglich, es bleiben aber von der Straße aus und auf erlaubten Wegen etliche gute Motive.
Zudem wurde sogar eigens ein Aussichtspunkt über den gesamten Loop neu angelegt. Hier steht auch das Denkmal, das auf die Anerkennung als „Historical Landmark", vergleichbar einer Einstufung als Kulturdenkmal, hinweist. Folgt man weiter der Passnebenstraße, folgen weitere Blickmöglichkeiten auf die Strecke, bevor diese wieder in Richtung Highway abschwenkt.

Das Städtchen Tehachapi selbst bietet wenig Fotomotive, kurz danach folgt noch ein guter Fotostandort mit den Hunderten von Windkraftanlagen. Bei Fußmärschen im Gelände sollte unbedingt darauf geachtet werden, dass es hier Schlangen, auch die äußerst giftigen Klapperschlangen, gibt.

Der Tehachapi-Loop. Schwere Güterzüge mit etlichen Loks, die ihr eigenes Ende „überholen“, in herrlichster Landschaft: Wo sonst gibt es das noch? Legende sind mittlerweile leider die Ölzüge der Southern Pacific mit 15 Loks, noch mit „richtigem“ Sound. Wenn dieser Zug den Loop hochtobte, blieb kein Blatt am Baum! Auch der Loop selbst ist heute nicht mehr zugänglich, allerdings bietet der neu angelegte Aussichtsplatz beste Sicht auf die Schleife und die Züge.

Einige Kilometer talwärts vom Loop aus gesehen ist dieser hervorragende Fotopunkt mittlerweile durch eine Asphaltstraße erschlossen; hier beendet ein Zug der BNSF eine stundenlange Pause.

COLUMBIA VALLEY

Wie nur in wenigen Flusstälern des amerikanischen Kontinents verlaufen hier auf beiden Seiten Strecken. Dabei hat die BNSF die Streckenrechte am Nordufer, also in Washington, und die UP jene am Südufer, in Oregon. Die Amtrak verkehrt mit dem „Empire Builder" auf der Nordseite.
Die Grenze zwischen den USA-Bundesstaaten wird durch den Fluss selbst gebildet. Mit einer Bereisung sollte man im Osten beginnen, zum Beispiel in der Eisenbahnerstadt Pasco. Hier gibt es für die Züge eine der wenigen Möglichkeiten, auf die jeweils andere Seite zu wechseln, weitere Querungen sind nur in Wishram und in Vancouver, WA, zu finden.

Der Fluss selbst wird mehrfach zur Energiegewinnung gestaut und bildet dann eindrucksvolle Seen, die sich ebenfalls gut fotografisch umsetzen lassen. Felsportale, Tunnels, Brücken, senkrechte Felswände, Abschnitte auf Dämmen im Flussbett

Auf dem Damm des Columbia River bei Wishram: die BNSF 5605 + 1098 + 5209 mit ihrem Güterzug

und die mehrfach von der einige Dutzend Meter höher verlaufenden Straße gegebenen Fotomöglichkeiten bieten eine Vielzahl von Motiven. Ab The Dalles lassen sich Züge, vor allem auf dem Nordufer, mit dem Mount Hood, einem allein stehenden, ganzjährig schneebedeckten Vulkan mit 3425 Metern Höhe, ablichten.

Da die Betriebsdichte auf beiden Seiten beachtlich ist, kann man hier einige Tage verbringen, ohne dass Langeweile aufkommt.

4989

Die UP 4989 + 6150 + 5066 + 4199 befördern ihren Güterzug in Richtung Portland, während am Nordufer ein Zug der BNSF dasselbe Ziel hat.

Die Streckenauslastungen auf beiden Seiten des Columbia sind höchst ungleichmäßig. Stundenlangen Betriebspausen folgen Züge in Blockabstand, mit Kreuzungen und Überholungen auf beiden Seiten des Flusses. Hier passiert ein ostwärts fahrender Zug der BNSF einen Damm kurz vor Wishram.

Im Sommer 2013 tobte tagelang ein riesiger Waldbrand nördlich des Columbia River. Hier gab er den makabren Hintergrund für den UP-Zug Richtung Portland.

Rechte Seite oben An dieser Stelle des Columbia-Valley hat der Fotograf die Qual der Wahl: Motiv mit oder ohne Mt. Hood. Der Fotograf entschied sich dieses Mal gegen den Vulkan: BNSF-Güterzug kurz vor Wishram.

Rechte Seite links unten Ein Ölzug der BNSF überquert auf einer sehenswerten Hub-Brücke den Columbia River, der hier nicht nur die US-Staaten Oregon und Washington, sondern auch die Nachbarstädte Pasco, OR, und Kennewick, WA, trennt.

Rechte Seite rechts unten Die Hauptstrecke der ehemaligen Great Northern verband St. Paul-Minneapolis, MN, mit Seattle, WA. Heute bildet diese Route die nördlichste Ost-West-Route von BNSF. Bei Rock Island, WA, überquert die Strecke den Columbia River. Am 15. Juli 2008 überqueren GP 38 2263 und GP 39E 2759 mit ihrem „Local" von Wenatchee nach Quincy die Brücke.

BNSF

Die Geduld des Fotografen wurde einmal mehr auf die Probe gestellt, das Warten lohnte sich aber – wenn auch erst im zweiten Anlauf. Dieses Mal kam der erwartete Zug aus Richtung Osten deutlich VOR Sonnenuntergang, am Tag zuvor genau eine Minute NACH Sonnenuntergang! Einfahrt Bahnhof Wishram

Der felsige Lava-Untergrund, in den sich der Columbia River im Lauf der Jahrtausende gefressen hat, reicht oft bis an das Ufer.
BNSF 6981 + 784 passieren einen der vielen Tunnel, hier kurz vor Bingen.

BNSF C44-9W 4133 + 5325 + 4456 ziehen entlang des Columbia River zwischen Bingen, WA, und Leyle, WA, am 11. Juli 2008 vor der Kulisse des potenziell aktiven Vulkans Mount Hood (3425 m) ihren Containerzug in Richtung Osten. Da die Containerzüge am schwersten sind, wählen sie von den Pazifikhäfen aus meist den Weg entlang des Columbia nach Osten.

Portland, OR, ist über einen Flügelzug von/nach Spokane, WA, mit dem Hauptlauf des „Empire Builder" verbunden. Entlang des nördlichen Ufers des Columbia River durchqueren die Amtrak-Lokomotiven 8 und 41 (Baureihe P-42B von GE) am 25. September 2007 die Schlucht bei Bingen, WA, im allerletzten Tageslicht. In diesem Bereich des Flusstales herrschen stürmische Winde wegen des starken Druckausgleichs zwischen Küste und Landesinnerem vor. Es kann deshalb mitunter schwierig sein, die Kamera ohne Stativ ruhig zu halten.

Unten Das Tal des Snake River bietet, ob mit oder ohne Bahnstrecke und Zug, fast überall ein gutes Motiv. Diese Stimmungsaufnahme entstand bei Sonnenuntergang von der großen Talbrücke in Twin Falls.

Joso Bridge

Die Joso Bridge (auch Joso High Bridge, Joso Viaduct) ist eine eingleisige Eisenbahnbrücke über den Snake River im US-Bundesstaat Washington und Teil einer Bahnlinie der Union Pacific Railroad von Wallula nach Spokane.

Im Südosten des Bundesstaates Washington teilt sich die von Pasco kommende Strecke nahe einer Stelle namens Lyons Ferry auf. Während der eine Teil (in Richtung Clarkstone/Lewistone) zunächst südlich des Snake River verbleibt, um diesen dann nach ca. fünf Kilometern auf einer eher bescheidenen, aber auch durchaus fotogenen Bogenbrücke zu überqueren, quert die nach Norden abzweigende Strecke den Snake River auf der viel-

In Pasco gibt es eine der wenigen Querungen des Columbia River. Der Zug der BNSF wechselt hier auf das Südufer und somit vom Staat Washington in den Staat Oregon.

leicht eindrucksvollsten Stahlgitterbrücke des Kontinents. Die Brücke besteht aus 27 Stahlgittermasten, von denen vier im Snake River stehen, und 55 Brückenelementen.
Der Bau der Brücke begann 1911, fertiggestellt wurde sie 1912 und im Jahr 1914 in Betrieb genommen.
Ihren Namen erhielt die Joso Bridge von einem nahen Anschluss eines Schafsfarmers namens Leon Jussaud. Die Strecke steigt mit 0,6 Prozent empor und biegt nach Nordosten auf die Joso Bridge, deren Anfang noch der Kurve folgt.

Zuerst führt die Brücke, die ebenfalls eine Steigung von 0,6 Prozent aufweist, über die Riparia-Zweigstrecke, dann über den Snake River, dessen rechte Uferebene und die Washington State Route 261. Hinter der Brücke folgt die Trasse dem Palouse River-Canyon.

Die Daten:

Gesamtlänge	1195 Meter
Höhe	59 Meter
Baubeginn	1911
Fertigstellung	1912
in Betrieb seit	1914

Imposanter Standpunkt für Aufnahmen der Joso Bridge: die UP-Loks 8291 und 8282 zogen, die Schublok war 8290; im Juli 2011.

In der Halbwüste, fast im absoluten Nichts. Keine Hotels, keine Restaurants, keine Tankstellen, kein Schatten und eine geringe Zugdichte. Dann aber DIESES Motiv! Joso Bridge, im Juli 2013

Kommt zuerst der Zug, oder geht zuerst die Sonne unter? Joso Bridge, WA, im Juli 2008

WAMX 4016+4018 überqueren den Snake River bei Riparia, WA, im Juli 2008.

Direkt am Fährhafen von Steilacoom lässt sich am Abend der dichte Verkehr in beide Richtungen gut dokumentieren.

Die Drehbrücke an der Pazifikküste von Steilacoom ist ein gern fotografiertes Motiv, hier mit dem nordwärts fahrenden Amtrak-„Cascades“.

WEITERE SEHENSWERTE STRECKEN

Für eine grobe Reiseplanung gibt die Landkarte (oder Google Maps) die ersten Hinweise: Sehenswert sind alle Strecken, die in gebirgigen Regionen verlaufen.

Dies sind im Westen im Wesentlichen die Küstengebirgszüge wie die Cascade Mountains, die Vulkane, die Sierra Nevada und die nördlichen Ausläufer, in der Mitte die Rocky Mountains und im Osten die Appalachen.
Die großen Ebenen und die flachen Staaten im Südosten haben durchaus auch ihren Reiz, die landschaftlich lohnenden Motive sind hier naturgemäß jedoch seltener. Gute Motive sind auch im

Der „Gas Local" zwischen Missoula, MT, und Thomson Falls, MT, gehört zu den schönsten Zugleistungen der Montana Rail Link. Hier ist das Gespann auf der Rückfahrt nach Missoula entlang des Clark Fork bei Eddy, MT, zu sehen. Die meisten Züge auf den Gleisen der MRL sind Durchgangsgüterzüge der BNSF, ein Zug nur aus MRL-Lokomotiven ist deshalb etwas Besonderes.

Harrisburg, PA, am 5. November 2011. Drei Maschinen der Norfolk&Southern im ersten Morgenlicht auf der Brücke über den Susquehanna River

Einzugsbereich und – wo die Strecken noch nicht unter die Erde verlegt wurden – in den Zentren der Großstädte zu finden. An die jeweiligen Fotostandpunkte zu gelangen, bleibt jedoch oft eine Herausforderung, die viel Zeit und gute Nerven verlangt.

Hier nur einige wenige weitere Highlights, die beispielhaft für die Vielfalt des Eisenbahnwesens in den USA und Kanada stehen.

Klamath Falls

Die Strecke von Portland, WA, nach Sacramento, CA, bietet einige sehenswerte Abschnitte. Die Umgebung von Klamath Falls empfiehlt sich aus mehreren Gründen. So liegt hier die Fahrtrasse des nordwärts verkehrenden „Coast Starlight" im besten Morgenlicht, und dieser Zug lässt sich gut mit dem in einiger Entfernung liegenden Mount Shasta, einem schneebedeckten Vulkan mit einer Seehöhe von 4316 Metern, verewigen.
Auch die Seen und Kanäle in der direkten Umgebung bieten

Links Trilliarden von Mücken bilden dutzende Meter hohe Formationen bei Klamath Falls, während ein Weißkopfseeadler gelassen registriert, was der Fotograf da wohl treibt.

Sonntagnachmittags ist auch bei Klamath Falls nicht viel los. So freut sich der Fotograf sogar über einen leeren Containerwagenzug der UP in Richtung Norden.

Die Lokvielfalt der Canadian National macht diese Strecke zur interessantesten Class I Railroad. Kurz vor Einfahrt von Jasper, AB, kämpfen CN Dash 8-40CM 2424 und Dash 8-40CM 2435 mit ihrem Double-Stack-Containerzug und die Fotografen mit den Wolken des beginnenden Herbstes, am 28. September 2011.

einige Motive. Schließlich ist auch die Fauna durchaus sehenswert. So beobachtet schon mal ein Weißkopfseeadler gespannt die Aktivitäten der Eisenbahnfotografen, während jene wiederum fasziniert Trilliarden von kleinen Mückchen in Hunderten von Schwärmen bestaunen.
Von hier aus lässt sich ein schöner Tagesausflug zum „Crater Lake", einem sehenswerten See in einem erloschenen Vulkankegel, unternehmen. Auch der Lassen Vulcanic Park liegt in Ausflugsweite, und Klamath Fall bietet sich mit guter und preiswerter touristischer Infrastruktur auch durchaus für einen Aufenthalt von einigen Tagen an.

KANADA

Die Streckenführung durch die kanadischen Gebirgszüge, durch Täler und über Pässe gehört zum Feinsten, was der Eisenbahnbau in seiner bisherigen Geschichte zu bieten hat.
Die Rockies werden an zwei Stellen überwunden: Im Norden bei Jasper verlief ursprünglich die Strecke der CN, und bei Banff verlief die Trasse der CP. Die kanadischen Rockies sind Teil der sehenswertesten Gebirgslandschaften in Amerika, der legendäre Icefields Parkway gehört zu den schönsten Straßen der Welt. Diese Verbindungsstraße zwischen Lake Louise (bei Banff)

Nahe Devons, AB, mitten im Jasper National Park, ziehen CN SD70M 8861 und CN ex BC Rail Dash 9-44CW 4650 am 27. September 2011 ihren Manifest auf einem Damm durch den Talbot Lake. In der Ferne rettete sich kurz zuvor ein Braunbär aus Furcht vor dem Zug ans rettende Ufer und zeigte den Fotografen die andere faszinierende Schönheit des Landes.

und Jasper bietet sich auch für Eisenbahnfreunde an, um von der einen zur anderen Strecke zu gelangen. Weite Täler, der wunderbar türkisblaue See, schroffe Felsen mit Bergen bis 4000 Meter Höhe und Gletscher bestimmen die Landschaft. Blumenwiesen, Flusstäler und Wasserfälle wechseln sich ab, ein reiches Tierleben tut ein Übriges. Grizzleybären und Elche auf der Straße sind nichts Ungewöhnliches, ebenso wenig wie der Adler auf dem nächsten Telegrafenmast.
Vier Nationalparks (Banff-Nationalpark, Jasper-Nationalpark, Kootenay-Nationalpark, Yoho-Nationalpark) sichern unter dem Namen „Kanadische Rocky Mountains Nationalparks" das Weltnaturerbe der Rocky Mountains. Ein derartiges Bild bestimmt auch die Umgebung von Banff. Das größte Highlight für Eisenbahnfreunde findet sich zwischen Lake Louise und Banff, die sogenannte „Morants Curve".
Diese wurde durch Zeichnungen auf Reisezug-Plakaten der CP in den 1940er-Jahren berühmt und ist wahrscheinlich eines der zehn bekanntesten Eisenbahnmotive der Welt. In das Tal des Bow River schmiegt sich eine lang gezogene Kurve vor einer der schönsten Gebirgskulissen der gesamten Rockies. Die reine Querung der Rocky Mountains ist bei beiden Strecken etwa gleich lang und gleich sehenswert, der weitere Verlauf der

Kurz vor Sonnenaufgang strahlt die Sonne unter den dichten Wolken hindurch und taucht die Szenerie in ein faszinierendes Licht. ES44DC 2238, ES44DC 2328 und SD75I 5757 der CN sind mit ihrem Container-Ganzzug rechtzeitig zur Stelle und überqueren den Brule Lake bei Swan Landing, im September 2011.

Strecke von Jasper ist dann jedoch etwas uninteressanter. Auf der Strecke von Banff folgt bald der Yoho-NP und nach dem breiten Tal des Columbia River ein dritter sehenswerter Nationalpark, der Glacier NP mit dem Rogers Pass. Bis weit hinter dem Eisenbahnerstädtchen Revelstoke (mit Eisenbahnmuseum) folgen weitere reizvolle Täler mit zahlreichen Motiven. Nach einem Übergang mit steppenartiger Landschaft erreicht man die nördlichen Ausläufer der nordamerikanischen Küstengebirge.

In Kamploops treffen die beiden Trassen von Jasper und Banff aufeinander und verursachten damit in den Anfangszeiten ein nicht unerhebliches Problem: Da die CP als erste ihre Gleise verlegt hatte, musste die CN in Flusstälern meistens auf das andere Ufer ausweichen, weil sich die CP auf „ihrer" Seite die Rechte gesichert hatte.

Beide Strecken verlaufen jetzt zunächst im Tal des Thompson River, bevor dieser bei Lytton in den von Norden kommenden

Zwischen Jasper, AB, und Hinton, AB, durchquert die CN am 5. Oktober 2011 die fantastische Landschaft des Jasper National Park. SD70M-2 8907 und Dash 9-44CW 2691 ziehen den Container Unit Train 102 nach Osten. Im Hintergrund grüßt der Mount Kephala mit 2430 Metern Höhe.

Fraser River einmündet. Diesem wird bis zu seiner Mündung bei Vancouver gefolgt. Beide Täler bieten mit den auf beiden Seiten verlaufenden Strecken immer wieder reizvolle Foto- und Filmmotive. Fünf Kilometer südlich von Lytton führen die Trassenrechte zu exotischen Brückenkonstruktionen, da hier fast an der gleichen Stelle beide Trassen das Ufer wechseln müssen.
Der VIA-Canadian benutzt übrigens die CN-Strecke über Jasper. Die Region Thompson/Fraser-River wird dabei in den frühesten Morgenstunden noch bei Dunkelheit durchfahren. Wer hier also Aufnahmen von der VIA machen will, muss auf eine kräftige Verspätung hoffen, die allerdings durchaus vorkommen kann. Die Strecke über Banff sieht zwar keinen regelmäßigen Personenverkehr, mit dem Touristenzug „Rocky Mountaineer" kann aber auch diese Strecke mittlerweile mehrmals pro Woche befahren werden, allerdings eben leider nur zu Preisen der Luxus-Bahntouristik-Klasse.

Eine unbeschreiblich schöne Natur und fantastisches Licht kennzeichnen den Herbst im Jasper National Park. Mitten durch Jasper Lake und Talbot Lake sind am 6. Oktober 2011 nahe Devons, AB, CN ES44DC 2250 und ES44DC 2269 mit ihrem Manifest Train nach Osten unterwegs.

Kicking Horse Pass

Der Kicking Horse Pass („Pass des tretenden Pferdes") liegt auf 1627 Metern Höhe an der Grenze zwischen den Provinzen British Columbia und Alberta. Er stellt einen Verbund mit dem Yoho-Nationalpark und dem Banff-Nationalpark dar. Auch die kontinentale Wasserscheide verläuft hier. 1885 wurde hier die erste transkontinentale Eisenbahnstrecke Kanadas gebaut.

Eine von John Palliser angeführte Expedition entdeckte 1858 den Pass. Der Name stammt vom nahe gelegenen Kicking Horse River, an dem ein Teilnehmer der Expedition, der Naturforscher James Hector, angeblich von seinem Pferd getreten wurde. 1881 entschloss sich die Canadian Pacific Railway, hier eine erste Bahntrasse zu bauen, obwohl das Gelände ungünstiger als über den Yellowhead Pass war. Die kürzere Strecke und die nähere Lage zur Grenze zu den USA gaben jedoch den Ausschlag.

Entlang des Jasper Lake nahe Devons, AB, vor dem Gipfel des Roche Miette (2316 m) links im Bild, sind im Oktober 2011 CN ES44DC 2343 und CN ex BC Rail Dash 8-40CM 4620 mit ihrem Manifest 413 in Richtung Westen unterwegs.

Die ursprüngliche Strecke führte zwischen der Passhöhe und Field über den sogenannten „Big Hill". Auf den ersten sechs Kilometern westlich des 1627 Meter hohen Passes fällt das Gelände in Richtung Field um nicht weniger als 350 Meter. Diese Strecke wies ein Gefälle von 45 Promille auf und war damit die steilste Hauptlinie in ganz Nordamerika.
Anfangs des 20. Jahrhunderts musste aufgrund des ständig zunehmenden Verkehrs etwas zur Entschärfung dieser Engstelle im Betriebsablauf geschehen. Zahlreiche Unfälle und der kostenintensive Einsatz von Zusatzlokomotiven machten eine weitere Steigerung des Verkehrsaufkommens unmöglich.

Die Ingenieure sahen sich jedoch wegen der steil aufragenden Felswände mit Platzmangel konfrontiert. Das Problem wurde gelöst, indem zwei Kehrtunnel nach Schweizer Vorbild in die beiden Bergflanken gebohrt wurden. Dadurch konnte die

Der Goldene Herbst Kanadas: Bei Niton, AB, zwischen Hinton, AB, und Edmonton, AB, kämpfen sich Dash 9-44CWL 2520 und SD70M-2 8834 der CN am 8. Oktober 2011 mit ihrem vollen Grain Unit Train Richtung Westen.

Ein talwärts fahrender CP-Containerzug rollt vom Kicking Horse Pass in Richtung Golden.

Morrants Curve bei Banff ist DAS Motiv der kanadischen Eisenbahnen. Hier beendet ein ostwärts fahrender CP-Güterzug eine längere Wartezeit.

1041
1041
8531

Eine Leihlok der CEFX (CIT Equipment Finance Corporation), die 1041, hat die Ehre, beim Aufstieg zum Kicking Horse Pass, Ausfahrt Field, Führungslok vor der CP 8531 zu sein.

Der CP-Zug hat bereits eine heftige Steigung hinter sich und nähert sich jetzt dem ersten der beiden Spiraltunnel.

Die „Natural Bridge" ist eine der Sehenswürdigkeiten des Yoho-Nationalparks und durchaus einen Abstecher wert.

Strecke künstlich verlängert und das Gefälle auf ein erträgliches Maß gesenkt werden. Die Strecke wurde dadurch zwar zwölf Kilometer länger, doch das Gefälle konnte auf 22 Promille verringert werden. Die westwärts führende Strecke erreicht zunächst den oberen Tunnel (Nr. 1). Dieser ist 992 Meter lang, dreht sich im Cathedral Mountain um 288 Grad und endet 15 Meter tiefer. Die Strecke überquert jetzt in Richtung Nordosten den Kicking Horse River und erreicht den unteren Tunnel (Nr. 2). In diesem 891 Meter langen Tunnel dreht sich die Strecke im Mount Ogden um 226 Grad und kehrt dann erneut 15 Meter tiefer wieder in Richtung Westen zurück.

Die Strecke führt so insgesamt dreimal auf unterschiedlichen Höhen durch das Tal und überquert viermal den Fluss. Der Bau wurde dadurch erschwert, dass die Härte und Brüchigkeit des Gesteins (Kalkstein) sich alle paar Meter änderte. Hinzu kamen Wassereinbrüche und – durch die Höhenlage um 1500 Meter Seehöhe bedingtes – hartes Winterwetter. Es gab häufig Blizzards und die Temperaturen fielen oft unter -30° C oder gar -40° C. Ständig bestand die Gefahr von Lawinen oder Erdrutschen.

Field ist ein wichtiger Betriebsmittelpunkt der CP-Strecke Calgary–Vancouver. Hier findet in beiden Richtungen ein Personalwechsel statt, eine Übernachtungsmöglichkeit für die Mannschaften ist vorhanden, einige Mitarbeiter wohnen mittlerweile auch hier. Beim Verlassen des Highways, also auch zum Fotografieren oder zum Besuch der Beobachtungspunkte, ist übirgens das Lösen eines Nationalpark-Passes erforderlich.

CP 8888 + 8953 haben den Pass hinter sich gebracht und laufen in Field ein. Schichtende!

„Betriebsversammlung" in Field: Alle CP-Lokmannschaften haben hier Schichtende bzw. Schichtbeginn. Nach dem Eintreffen des bergab fahrenden Zuges (hier: vorn) und dessen Mannschaftswechsel werden die beiden bergauf fahrenden Züge ihren Aufstieg beginnen.

Der CN-Güterzug hat gerade Jasper in Richtung Osten verlassen. Hier wurde, wie in vielen Streckenbereichen, direkt nach der Privatisierung (Käufer war u.a. Bill Gates), das zweite Gleis abgebaut und das hochwertige Material in die USA verkauft. Starke Beeinträchtigungen im Betriebsablauf durch die nun erforderlichen Kreuzungen waren die Folge.

Auch das Motiv für die in Richtung Westen fahrenden Züge an Morrants Curve ist höchst fotogen: Der Containerzug wird in wenigen Minuten Lake Louise erreichen und dann bald darauf den Scheiteltunnel des Kicking Horse Pass.

Spences Bridge

Das Thompson Valley und das Fraser Valley werden auf beiden Ufern von Bahnstrecken der CN und der CP begleitet. Vor allem das Thompson Valley zwischen Ashcroft und Lytton ist als Felstal mit schroffen Wänden und einem reißenden Fluss für sich allein schon ein sehenswertes Fotomotiv. Die stets den Windungen folgende, über Brücken, durch Galerien und Tunnel führende Bahnstrecke bietet daher ein schier unerschöpfliches Motivpotenzial. Zudem verlaufen hier parallel zwei Strecken mit einem durchaus ansehnlichen Betrieb: die CP-Strecke von Vancouver über Banff nach Calgary und die CN-Strecke, ebenfalls von Vancouver über Jasper nach Edmonton. Nachdem beide Gesellschaften jahrzehntelang ihr eignes „Süppchen" kochten, mit der Folge eines komplizierten Betriebsablaufes mit

Der Kaoham Shuttle der CN bindet den Ort Seton Portage am Seton Lake an, der sonst nur über eine sehr schlecht befahrbare Passstraße erreichbar ist, und erleichtert so das alltägliche Leben. Die Fahrt kostet zehn kanadische Dollar hin und zurück, ein lohnenswertes Vergnügen.

Wer in den kanadischen Rockys unterwegs ist, sollte einige Stunden für die landschaftlichen Schönheiten verwenden, es lohnt sich immer, wie hier an den Wapta-Falls.

Der westwärts fahrende Kohlezug der CP erreicht in wenigen Minuten Lytton und trifft dort auf den Fraser River.

häufigen Kreuzungen und dadurch bedingten Wartezeiten, hat man sich seit einigen Jahren zusammengerauft und teilt sich die Trassen einvernehmlich: Am Südufer geht es, von Kamloops kommend (bis Lytton, hier wechseln beide Gesellschaften die Seiten) in Richtung Osten, am Nordufer in Richtung Westen. Der Malus der Region ist die aufgrund der sehr dünnen Besiedlung fehlende Infrastruktur. Größere Ortschaften liegen Dutzende von Kilometern auseinander. Dies sind Lytton im Süden sowie Cache Creek und Ashcroft im Norden. Dazwischen gibt es viel Leere – und Spences Bridge. Diese kleine Ansammlung weniger Häuser hat seine besten Tage hinter sich. Spätestens als die Nicola, Kamloops & Simikameen Railway, die früher hier in Richtung Süden nach Merritt von der CP-Strecke abzweigte, 1991 stillgelegt wurde, ging es mit dem Ort bergab. Heute gibt es nicht einmal mehr eine Tankstelle. Aber in den letzten Jahren hat offenbar eine Wende eingesetzt: Touristen entdecken den Ort und sind begeistert von der „Leere". Das Motel aus den 1940er-Jahren hat einen neuen Besitzer, wurde sanft renoviert, wobei man ihm den alten Charme ließ. Eine Bar mit regelmäßigen Musikveranstaltungen und ein gutes Restaurant

Ein bergauf fahrender Zug der CP durcheilt den ehemaligen Bahnhof Spences Bridge, von dem nur noch zwei Überholgleise Zeugnis geben.

Rechts unten Ein ostwärts fahrender Zug der CP kurz vor Spences Bridge. Vom Highway, der viele Haltemöglichkeiten bietet, gibt es immer wieder gute Fotogelegenheiten.

Baits Motel in Spences Bridge

Führt offenbar nicht das schlechteste Leben: Kneipen-Kater in Spences Bridge.

Der Containerzug der CN verkehrt auf dem Nordufer des Thompson Valley in Richtung Vancouver. In wenigen Minuten hat er Lytton erreicht und wechselt auf das südliche Flussufer.

ergänzen das Ensemble und lassen den Reisenden durchaus für einige sehr angenehme Tage verweilen. Eine hübsche, sehr historische kleine Holzkirche und ein netter Wasserfall vervollkommnen das Idyll. Spences Bridge liegt für den Bahnfotografen strategisch günstig in der Mitte des besten Teils des Thompson Valley. Dabei ist der südlichere Teil noch etwas fotogener und über die Straße etwas besser erreichbar. Einen netten Tagesausflug kann man nach Lillooet machen, um dort auf der ehemaligen BC Rail-Strecke von Vancouver nach Prince George zu fotografieren. Seit 2004 fahren allerdings auch dort CN-Züge.

Sehenswert ist auch Kaoham Shuttle nach Seton Portage mit einem interessanten Eigenbau-Triebwagen. Normalerweise verkehrt dieser von Seton nach Lillooet und zurück, aber freitags verkehrt ein zusätzlicher Umlauf, sodass Touristen für zehn Kanadische Dollar eine spannende Reise entlang des Seton Lake unternehmen können.

Die Strecken und Fotopunkte sind meistens gut erreichbar. Der Highway 1 läuft fast die ganze Strecke parallel und ist, anders als zum Beispiel am Kicking Horse Pass, noch nicht autobahnähnlich ausgebaut, da in dieser Region der Haupt-

Auch der CN-Kohlezug verkehrt auf dem Nordufer in Richtung Pazifik. Die Stelle liegt nur wenige Kilometer oberhalb des Motivs auf Seite 122. Diese höchst fotogene Felswand mit Galerien lässt sich seit dem Richtungsbetrieb kaum noch in gutem Licht ablichten; es sei denn, man schummelt, wie der Fotograf hier: Die abgelichtete Lok ist die Schublok.

durchgangsverkehr über den kürzeren und besser ausgebauten Highway 5 verläuft.

Wer entspannt einige Tage lang imposante Bahnfotos der kanadischen Güterzüge machen will, sollte Spences Bridge in seine Urlaubsplanung einbeziehen. Allein die Züge und die damit erhoffte Fotoausbeute „stören“ die totale Entspannung, das „dolce far niente“ aus Essen, Lesen, Plaudern, Landschaft und Ruhe.

Spences Bridge: Die Dorfkirche ist Teil der Idylle.

Ein Zug der Alaska Railroad auf dem Weg von Anchorage nach Süden, zum Hafen Seward. Die Alaska RR verkehrt auf der Hauptstrecke von Seward über Anchorage nach Fairbanks im Norden im Sommer täglich, während der Winterfahrplan teilweise nur einen Zug pro Woche vorsieht.

Die Gaviota Trestle überquert am 21. Mai 2008 die P32-8 510 mit ihrem Pacific Surfliner 799 von Los Angeles nach San Luis Obispo, am Zugschluss die zum „Wendezugsteuerwagen" umgebaute NPCU 90208 (ex F40PH 208).

DER FERNREISEVERKEHR

Auf Schienen-Kreuzfahrt mit Amtrak

Wer in den USA als Passagier in einen Zug steigt, der ist zumeist mit Amtrak unterwegs. Das amerikanische Unternehmen National Railroad Passenger Corporation betreibt unter dem Markennamen Amtrak seit 1971 den Großteil des schienengebundenen Personenverkehrs innerhalb der USA. Die Stammaktien des Unternehmens befinden sich unter anderem im Besitz der Class 1-Bahngesellschaften BNSF Railway, Canadian National Railway und Canadian Pacific Railway. Die Regierung der USA hält als Ausgleich für gewährte Subventionen sämtliche Vorzugsaktien der Bahngesellschaft.
In 46 Bundesstaaten bedient Amtrak insgesamt mehr als 500 Bahnhöfe. 2013 beförderte Amtrak über 31,6 Mio. Passagiere, rund 86.500 Reisende am Tag, mit zuletzt wieder deutlich wachsenden Zahlen. Täglich verkehren rund 300 Züge. Das Unternehmen hat aktuell rund 21.000 Mitarbeiter, ca. 450 Lokomotiven (davon ca. 100 Elektrolokomotiven) und knapp 2000 Reisezugwagen. Die Gesellschaft befährt ein Streckennetz von ca. 36.000 Kilometern, davon gehören Amtrak selbst aber nur 1200 Kilometer.

Vorgeschichte

Die USA verfügten einst über ein sehr engmaschiges Eisenbahnnetz. Die Erschließung des Landes erfolgte vielerorts durch den Bau von Bahnlinien, die für den Transport von Gütern und Personen gleichermaßen wichtig waren. Dass der Personenverkehr so stark verlor, hat verschiedene Gründe. Zunächst ist die Bevölkerungsdichte in vielen Regionen eher gering. Damit kann ein öffentlicher Personenverkehr nicht die Bedeutung haben wie etwa in Mitteleuropa. Da es genügend Platz gibt, sind die Grundstückspreise so niedrig, dass sich fast jede Familie ein eigenes Haus leisten kann. Daraus ergab sich eine Zersiedlung, die zusätzlich seit den 1920er-Jahren durch die Verfügbarkeit

Vor dem „Capital Corridor“ Nr. 545 (Sacramento–Oakland) macht sich am 22. Mai 2008 bei Pinole die F59PHI 2007 von Amtrak California nützlich.

erschwinglicher Autos gefördert wurde. Der Eisenbahnnahverkehr verschwand bereits in dieser Zeit vielerorts.
Für den Fernverkehr bedeutete dies, dass die Zubringer ausfielen. Das Wachstum der Bevölkerung glich das jedoch zunächst aus. In den 1930er-Jahren kamen auf die Bahngesellschaften durch die Weltwirtschaftskrise neue Belastungen hinzu. Der Zweite Weltkrieg mit seinen Transportleistungen für Güter und Personen auf Rekordniveau verdeckte diese Strukturprobleme. In den 1950er-Jahren begann der Staat mit dem Bau von Autobahnen, der Flugverkehr wurde erschwinglicher und zuverlässiger. Zwar kam mit Greyhound eine Fernbusgesellschaft auf, diese hatte aber teilweise ähnliche Probleme wie die Bahnen und stand in der Vergangenheit mitunter dicht vor der Insolvenz. Viele Bahngesellschaften reagierten mit der Beschaffung von besonders gut oder sogar luxuriös ausgestatteten Wagen und dem Ersatz von Dampfloks durch Dieselloks. Kostensenkungen, um Gewinne mit dem Personenverkehr machen zu können, fanden kaum statt. Die neuen aufwendigen Wagen ließen die Wartungskosten nicht sinken, die Tarifverträge verhinderten auch weiterhin nennenswerte Personaleinsparungen. Wenn dann noch die Bespannung langer Züge von einer schweren Dampflok auf drei Dieselloks umgestellt wurde, war der Einspareffekt gering.

Neue technische Ideen blieben in der Regel im Ansatz stecken. Neuerungen gegenüber waren (und sind) amerikanische Bahnen häufig eher skeptisch eingestellt. Eine Kooperation zwischen den einzelnen Bahngesellschaften kam nur selten zustande, zumal an vielen Orten jede Bahn ihren eigenen Bahnhof hatte, was ein Umsteigen nicht gerade erleichterte.
Bei all diesen Rahmenbedingungen verwundert es nicht, dass viele Bahnen den Personenverkehr ab dem Ende der 1950er-

Eine der schönsten Fotostellen an der NEC zwischen New York und Boston ist die fast idyllische Shaws Cove in New London, CT, die am 6. September 2009 von der AEM-7AC 934 mit ihrem Northeast Regional 88 passiert wird.

Unten Ein heftiges Gewitter beendet nicht nur eine wochenlange Trockenheit und ausufernde Waldbrände bei Raton, sondern liefert auch eine stimmungsvolle Kulisse für den nordwärts fahrenden Southwest Chief.

Der Sunset Limited Nr. 2 (Los Angeles–New Orleans) fährt am 2. September 2011 in den Bahnhof von Palm Springs ein, geführt von den P42DC 54 und P40DCu 824.

Ein Ellok-bespannter Schnellzug auf dem „North East Corridor“ New York–Boston überquert einen kleinen Fluss in Connecticut.

Ein Pacific Surfliner-Zug rauscht südlich über den Strand bei Oceanside.

Jahre zum Auslaufmodell erklärten. Eine kurzfristige Einstellung von Personenzügen verboten jedoch häufig die staatlichen Aufsichtsbehörden, was bei einigen Gesellschaften einen weiteren Schritt in die Pleite bedeutete.

Nachdem die Passagierzahlen in den 1950er-Jahren dramatisch gesunken waren, wurden in den 1960er-Jahren viele Passagierzüge nur noch betrieben, weil die Eisenbahngesellschaften dazu verpflichtet waren. Die Qualität des Services wurde durch die Kürzungen der Finanzmittel deutlich schlechter.

Zudem zog die US-Post ihre Dienste aus den Reisezügen zurück, was weitere Einnahmenverluste einbrachte. 1967 gründeten Reisende eine Interessengruppe, die „National Association of Railroad Passengers“ (NARP), um den Fortbestand von Passagierzügen zu sichern. Die Politiker beider Seiten hielten zunächst aus unterschiedlichen Gründen dagegen. Allerdings wollte niemand für das anscheinend unumgängliche Ende der Passagierzüge verantwortlich sein.

Nach der Insolvenz der Penn-Central 1970, die ein Drittel aller amerikanischen Reisezüge betrieb, unterzeichnete am 30. Oktober 1970 der damalige US-Präsident Richard Nixon das Gesetz, durch das die „National Railroad Passenger Corporation“ entstand. Um der Sache einen griffigen Namen zu geben, kreierte man den Namen Amtrak, was „American travel by track“ bedeuten sollte.

Durch die Gründung von Amtrak wurden die privaten Eisenbahngesellschaften von der Verpflichtung entbunden, Personenverkehr zu betreiben. Bis heute sind außer Amtrak alle großen amerikanischen Eisenbahnen Privatunternehmen.

Der nordwärts fahrende Coast Starlight hat soeben Klamath Falls verlassen.

Die öffentliche und politische Unterstützung für Amtrak blieb bestehen, nur mit massiven Subventionen konnte das Unternehmen bis heute überleben.

Von der konservativen Seite kam immer wieder die Forderung, dass die Regierung Amtrak einstellen solle, es sei denn, das Unternehmen würde gewinnbringend arbeiten. Obwohl die Präsidenten Reagan und Bush sr. wie Bush jr. Amtrak abschaffen wollten, existiert die Gesellschaft noch immer. Die massiv gestiegenen Benzinpreise seit den 1970er-Jahren machten Auto und Flugzeug teurer und den Zug attraktiver. Auch die Terrorangriffe vom New York am 11. September 2001 spielten sicher eine Rolle, da die Züge den Passagieren nun sicherer schienen als eine Flugreise.

Weitere Fernreisezüge

Die einzelnen Bahngesellschaften hatten die Wahl, alle Fernzüge an Amtrak zu übertragen oder sie selbst weiter zu betreiben. Eine gemischte Lösung wurde nicht gestattet. Die Nahverkehrszüge wurden davon nicht berührt, obwohl einige von ihnen längere Laufwege haben als die kürzesten von Amtrak. Fast alle Bahnen übergaben ihre Züge. Etwa zwei Drittel der Fernzüge wurden 1971 eingestellt. Bis heute behielten gerade einmal zwei Bahnen ihre Züge:

1. Alaska Railroad (ARR). Die Alaska Railroad ist eine staatliche US-amerikanische Eisenbahngesellschaft. Das Streckennetz besteht heute, abgesehen von einigen Nebengleisen, ausschließlich aus einer Hauptstrecke, die von Seward im Süden Alaskas nach Fairbanks im Zentrum des Bundesstaats führt.

In Seattle, WA, steigt seit Jahren die Bedeutung des Schienenpersonenverkehrs wieder. Neben den kommunalen Pendlerzügen unter dem Namen Sounder betreibt Amtrak einen staatlich finanzierten Regionalverkehr auf der Städteachse von Vancouver, BC, über Seattle, WA, nach Portland, OR, und teilweise gar bis Eugen, OR. Hierfür wurden Ende der 1990er-Jahre eigens Talgozüge beschafft. Im Oktober 2008 wartet ein als „Cascades Service" vermarkteter Regionalzug von Amtrak in Seattle King Street Station auf seine Fahrgäste.

Rechts Am 4. September 2010 überquert der Acela-Express 2290 nach Boston die Drehbrücke über die Shaws Cove in New London, CT, am Zugschluss der Triebkopf 2008.

Ganz rechts Amtrak-Zug 95 mit der Lok 199 in Richmond, VA, (September 2007).

Es ist isoliert vom restlichen nordamerikanischen Eisenbahnnetz und hat eine Länge von 750 Kilometern.

2. Denver & Rio Grande Western (heute Union Pacific). Der Rio Grande Zephyr, Denver–Salt Lake City, wurde 1983 an Amtrak übergeben und in den California Zephyr integriert. Der Skifahrerzug Denver–Winter Park wird allerdings auch heute noch in der Wintersaison selbst gefahren.

Ein wichtiger Einschnitt war das Jahr 1976. Die staatliche Auffanggesellschaft Conrail, die die pleitegegangen Güterbahnen des Ostens übernommen hatte, übergab mehrere Streckenabschnitte an Amtrak, die damit erstmals eigene Gleise besaß. Mitte der 1970er-Jahre wurden mehr Züge neu eingeführt als eingestellt. Amtrak blieb jedoch immer ein Spielball politischer Interessen. Manch ein einflussreicher Senator setzte neue Züge durch, die seinen Wahlkreis bedienten, auch wenn sie kaum genutzt wurden.

Northeast Corridor

Eine Sonderrolle spielt der Northeast Corridor (dt.: Nordostkorridor), abgekürzt NEC, an der bevölkerungsreichen Nordostküste der USA. Er ist der wichtigste Teil des von Amtrak betriebenen Fernverkehrsnetzes und die meistfrequentierte Personen-Schienenverkehrsverbindung Nordamerikas. Neben der Hauptstrecke von Boston über New Haven, New York, Philadelphia, Washington, D.C., bis nach Newport News (bei Norfolk, Virginia) gehören dazu auch die Verbindungen von Philadelphia nach Harrisburg (Keystone Korridor), von New Haven nach Springfield (Inland Route), von New York nach Albany und Buffalo (Empire Korridor) sowie die als Downeaster bezeichnete Strecke von Boston nach Portland (Maine), die 1997 eingerichtet wurde. Alle Strecken werden mehrmals täglich bedient, zwischen Boston und Washington gibt es das dichteste Angebot. Die 720 Kilometer lange Strecke ist durchgehend elektrifiziert, hier verkehrt auch der Triebwagen-Schnellzug Acela. Der NEC ist derzeit die einzige bedeutende elektrisch betriebene Fernbahnstrecke der USA und befindet sich größtenteils im Besitz von Amtrak, jedoch wird die Strecke auch von anderen Eisenbahngesellschaften mit unterschiedlichen Zügen befahren.

Der Abschnitt zwischen New Rochelle und New Haven gehört dem Nahverkehrsbetrieb Metro North Railroad. Neben den Acela-Hochgeschwindigkeitszügen fahren als „Regional" bezeichnete Interregio-Züge auf dieser Strecke. Zum Nordostkorridor werden auch die internationalen Verbindungen von New York nach Toronto („Maple Leaf") und nach Montréal („Adirondack") gerechnet.

Fahrzeuge

Bis 1973 fungierte Amtrak nur als Koordinator der Fahrzeuge der einzelnen Bahngesellschaften. Dann wurden diese in Besitz genommen. Somit verfügte Amtrak nach der Gründung überwiegend über die Baureihen EMD E8 und EMD E9 sowie die FP9 und für die mit Stromschienen ausgestatteten Strecken in New York über die FL10.

Für die elektrifizierten Strecken des Nordostkorridors wurden die Elektrolokomotiven der PRR-Klasse E44 und der PRR-Klasse GG1 sowie die Metroliner-Triebzüge übernommen.

Diesellokomotiven

Ab dem Jahr 1972 wurden neue Diesellokomotiven beschafft. Die Wahl fiel auf die EMD SDP40F und später auf die GE P30CH. Diese beiden Baureihen hatten die Achsfolge Co' Co', erfüllten jedoch die Erwartungen nicht. Auch die auf der Santa Fe EMD FP 45 aufbauende SDP40F fiel durch: Es gab mehrere spektakuläre Entgleisungen, deren Ursachen nie geklärt werden konnten.
Ab 1976 folgte die Beschaffung der EMD F40PH. Einige SDP40F wurden zu FP40PH umgebaut und waren wegen der größeren Kraftstofftanks vier Meter länger als die Standardausführung. Die F40PH sollte sich für die nächsten 20 Jahre zum Rückgrat für die nicht elektrifizierten Strecken von Amtrak entwickeln.
Von GO Transit (Toronto) wurde Ende der 1980er-Jahre die Baureihe EMD GP40TC erworben, um dem Lokmangel im Intercity-Verkehr entgegenzuwirken. Für diese Züge an der Westküste wurden 1998 zudem noch Lokomotiven des Typs EMD F59PHI beschafft. Als Ersatz für die inzwischen in die Jahre gekommenen EMD F40PH wurden 1991 kurzfristig 18 GE Dash 8-32BWH beschafft. 1993 stand die Beschaffung neuer Diesellokomotiven für den Fernverkehr an.

Die Wahl fiel auf die von General Electric angebotene Genesis-Baureihe, auch als GE Dash 8-P40B oder P40DC bezeichnet. Ab 1996 folgte das Nachfolgemodell GE Dash 9-P42B oder P42DC. Die Loks lösten die F40PH als Standardlokomotive weitgehend ab. In drei Lieferungen wurden 207 Loks beschafft. Für die mit Stromschiene ausgestatteten Streckenabschnitte im Großraum New York wurden von 1995 bis 1998 18 Hybrid-Lokomotiven der Genesis-Baureihe GE Dash 9-P32ACDM (GE P32ACDM) in den Fuhrpark aufgenommen.

Elloks

Die von Amtrak bei der Gründung übernommenen elektrischen Lokomotiven waren technisch veraltet, sodass sich die Gesellschaft sogleich nach deren Ersatz umsah.
Doch die 1972 bei General Electric bestellten Lokomotiven der Baureihen E60CH und E60CP waren nicht sehr erfolgreich. Die schweren Lokomotiven hatten schlechte Laufeigenschaften und konnten deshalb nur mit 145 km/h statt mit 190 km/h Höchstgeschwindigkeit eingesetzt werden.
Bei der Suche nach Alternativen wurden auch Lokomotiven von europäischen Herstellern erprobt. Die endgültige Wahl fiel 1980 auf die Beschaffung von 53 Lokomotiven der Baureihe AEM-7, einer an die amerikanischen Anforderungen angepassten Version der schwedischen SJ-Rc4. Diese Lok bildete fast 20 Jahre das Rückgrat des Schnellverkehrs auf dem Northeast Corridor.

Im Oktober 2010 wurden 70 elektrische Lokomotiven ACS-64 von Siemens bestellt. Die erste Lok wurde 2013 geliefert und Anfang 2014 in den Planbetrieb übernommen.

Ein Zug der kalifornischen Amtrak (Capitol Corridor) fährt aus dem Bahnhof Emeryville aus, nachdem er den Anschluss des California Zephyr abgewartet hat.

Elektrotriebwagen

Zu Beginn der 1990er-Jahre untersuchte Amtrak die Einführung des Hochgeschwindigkeitsverkehrs mit Triebzügen. Es wurden Versuche mit einem deutschen ICE und einem schwedischen X2000 gefahren.
Die Wahl fiel schließlich auf einen Triebzug von Bombardier und Alstom. Der Zug basiert mechanisch auf dem kanadischen LRC und elektrisch auf dem TGV.
Ab 1998 wurden 20 Acela-Züge für 240 km/h sowie 15 aus den Acela-Triebköpfen abgeleitete Elloks des Typs HHP-8 für 200 km/h Höchstgeschwindigkeit beschafft.

Personenwagen

Mit der Amtrak-Gründung wurden von den privaten Bahnen 3000 Reisezugwagen aus den 1930er- bis 1950er-Jahren übernommen, von denen Amtrak 1200 als Heritage-Serie im Einsatz beließ. Ab 1975 stellte Amtrak neue Intercity-Wagen in den Dienst. Der Hersteller Budd lieferte die Amfleet-Wagen als Coach-Sitzwagen, Café-Bistrowagen, als gemischte Café-/Coachwagen sowie Dinette-Wagen. 1977 war die Beschaffung dieser Serie mit 500 Wagen abgeschlossen.

1978 lieferte Budd für den Fernreiseverkehr westlich des Mississippi neue Superliner-Doppelstockwagen. Die wenigen Intercity-Züge in Kalifornien wurden ab den 1980er-Jahren mit Horizon-Wagen ausgerüstet. 1989 folgte eine weitere Serie von Amfleet-II-Wagen, die wie die Heritage-Wagen nur eine Tür je Wagenseite hatten, für die Überlandzüge von New York nach Chicago, New Orleans und Florida gedacht waren und sonst der 75er-Serie glichen. Für die Pacific-Surfliner-Züge wurden ab 1993 neue Doppelstockwagen in den Dienst gestellt.

Für den ab 1992 bestehenden, meistens mit Horizon-Wagen betriebenen Capitol-Service San José–Oakland–Sacramento und die Züge Oakland–Bakersfield (San Joaquins) kamen ab 2001 weitere Doppelstock-Intercity-Wagen hinzu. Spanische Talgo-Züge fahren seit 1997 im Cascade-Korridor Eugene–Portland–Seattle–Vancouver.
Ab 1996 wurden die alten Heritage-Schlafwagen durch neue Viewliner-Einstock-Sleeper ersetzt. Das Amtrak-Farbschema wechselte im Laufe der Zeit mehrmals. Heute ist ein dunkelblaues Fensterband mit zwei dünnen roten Streifen üblich, welches die Farben der US-Flagge symbolisieren soll.

In den Zügen gibt es First Class, Business Class (auch teilweise als Customer Class bezeichnet) und die Coach Class. Normalerweise werden nur First Class oder Business Class sowie die Coach Class angeboten, anders im Northeast Corridor. Somit besteht im NEC faktisch ein Drei-Klassen-System.

Streckennetz

Neben den meist auf mittleren Entfernungen (150 bis 300 Kilometer) betriebenen Regionalnetzen vor allem in Kalifornien und im Osten ist Amtrak für die langlaufenden Fernzüge bekannt, etwa den „California Zephyr" zwischen Chicago und San Francisco. Die meisten dieser Fernzüge führen Schlafwagen und Speisewagen, fast alle Strecken werden mit einem täglichen Zugpaar bedient.

Strecke	Die wichtigsten Stationen	Region
Acela-Express	Boston–New York–Philadelphia–Washington, DC	Nordosten
Adirondack	Montréal–Albany–New York	Nordosten
Amtrak Cascades	Vancouver, BC–Seattle–Tacoma–Portland–Salem–Eugene	Nordwesten
Auto Train	Lorton, VA (Washington, DC)–Sanford, FL (Orlando)	Nordosten, Süden
California Zephyr	Chicago–Denver–Salt Lake City–Emeryville/San Francisco	Westen, Mittlerer Westen, Kalifornien
Capitol Corridor	San Francisco–San Jose/Oakland–Sacramento/Auburn/Reno	Kalifornien
Capitol Limited	Washington, DC–Pittsburgh–Cleveland–Chicago	Mittlerer Westen, Nordosten
Cardinal & Hoosier State	Chicago–Indianapolis–New York	Mittlerer Westen, Nordosten
Carolinian/Piedmont	New York–Raleigh–Charlotte	Nordosten, Süden
City of New Orleans	Chicago–Memphis–Jackson–New Orleans	Mittlerer Westen, Süden
Coast Starlight	Seattle–Portland–Los Angeles	Westen, Nordwesten, Kalifornien
Crescent	New York–Washington–Atlanta–New Orleans	Nordosten, Süden
Downeaster	Brunswick–Portland–Boston	Nordosten
Empire Builder	Chicago–St. Paul/Minneapolis–Portland/Seattle	Westen, Mittlerer Westen, Nordwesten
Empire Service	New York–Albany–Buffalo–Toronto	Nordosten
Ethan Allen Express	Rutland–Albany–New York	Nordosten
Heartland Flyer	Oklahoma City–Fort Worth	Westen
Hiawatha	Milwaukee–Chicago	Mittlerer Westen
Illinois/Missouri Services	Chicago–Quincy/Omaha, St. Louis/Kansas City	Mittlerer Westen
Keystone Service	Harrisburg–Philadelphia–New York	Nordosten
Lake Shore Limited	Chicago–Cleveland–Buffalo–Boston/New York	Mittlerer Westen, Nordosten
Maple Leaf	New York–Buffalo–Toronto	Nordosten
Michigan Services	Chicago–Detroit–Pontiac/Chicago–Grand Rapids	Mittlerer Westen
Northeast Corridor 1	New York–Philadelphia–Baltimore–Washington	Nordosten, Süden
Northeast Corridor 2	Boston/Springfield–New Haven–New York–Philadelphia–Washington	Nordosten, Süden
Northeast Corridor 3	Boston–New York–Washington, DC–Charlottesville–Lynchburg–Richmond–Newport News–Virginia Beach–Norfolk	Nordosten, Süden
Northeast Regional	Boston–Springfield/Providence–New York–Washington, DC–Richmond–Lynchburg–Newport News/Virginia Beach–Norfolk	Nordosten, Süden
Pacific Surfliner	San Luis Obispo–Santa Barbara–Los Angeles–San Diego	Kalifornien
Pennsylvanian	New York–Philadelphia–Pittsburgh	Nordosten
San Joaquin	San Francisco–San Joaquin Valley–Fresno–Bakersfield	Kalifornien
Silver Service/Palmetto	New York–Washington, DC–Charleston–Savannah–Jacksonville–Orlando–Tampa/Miami	Nordosten, Süden
Southwest Chief	Chicago–Kansas City–Albuquerque–Los Angeles	Westen, Mittlerer Westen, Kalifornien
Sunset Limited	New Orleans–San Antonio–Los Angeles	Westen, Süden, Kalifornien
Texas Eagle	Chicago–Dallas–San Antonio–El Paso–Tucson–Los Angeles	Westen, Mittlerer Westen, Süden, Kalifornien
Vermonter	St. Albans–Springfield–New York–Washington	Nordosten

Der als einziger Zug von der Ost- zur Westküste verkehrende „Sunset Limited“ zwischen Los Angeles und Orlando (Florida) fährt allerdings nur an drei Tagen in der Woche.
Neben den Fernverkehrstrecken betreibt Amtrak auch noch Nahverkehrsstrecken mit insgesamt 61,1 Mio. Fahrgästen im Jahr. Dabei handelt es sich um:

- CalTrain: San Francisco–San José
- Sounder Commuter Rail: Everett–Seattle–Tacoma–Lakewood im Puget-Sound-Gebiet
- Shore Line East: in Connecticut, entlang der Ostküste
- Virginia Railway Express (VRE): südlich von Washington im Bundesstaat Virginia
- MARC: im Bundesstaat Maryland, nördlich von Washington

Diese Nahverkehrsbetriebe firmieren unabhängig als eigenständige Unternehmen.

California Zephyr

Spätestens seit dem sehenswerten Film „Trans-Amerika-Express“ (Original: „Silver Streak“) aus dem Jahr 1976 steht der California

Linke Seite
Der California Zephyr durchquert in der Mitte des zweiten Tages den Byers Canyon.

Der California Zephyr hat gerade die Union Station in Chicago verlassen. Auf den nächsten Meilen kämpft er sich durch Hochhausschluchten, bevor ihn das dichteste Netz einer US-Großstadt in die Provinz entlässt.

Zephyr für die Amtrak als das Synonym schlechthin. Auch wenn nicht jeder Halt am Zielbahnhof so spektakulär endet wie seinerzeit in Chicago, bleibt die Reise doch die Traumstrecke aller Amtrak-Routen – bestens geeignet, um einmal den nordamerikanischen Kontinent, zumindest zum größten Teil, auf der Schiene zu durchqueren.

Heute bietet der Zephyr seinen in zeitgemäß komfortabler Superliner-Ausstattung reisenden Fahrgästen viel von Amerikas schönster Szenerie – von den grünen Feldern des nördlichen Illinois weiter durch das zerklüftete Felsengebirge von Colorado bis zur Überwindung des großartigen Donner Passes der Sierra Nevada. Seit 1997 verkehrt der Zephyr täglich und legt jeweils 3924 Kilometer zurück.
Diese werden in etwas über 50 Stunden für die Westrichtung und 53,5 Stunden in der Ostrichtung bewältigt, die durchschnittliche Reisegeschwindigkeit beträgt somit etwa 75 km/h. Der Film „Trans-America-Express", spielt übrigens im ostwärtsfahren Zug und endet nach einer wilden Verfolgung mit einem Crash in Chicago.

Vor wenigen Minuten hat der westwärts fahrende California Zephyr den Moffat-Tunnel verlassen und damit die kontinentale Wasserscheide des nordamerikanischen Kontinentes unterquert.

Fahrtstrecke (die wichtigsten Stationen):
- Chicago, IL–Union Station (CT)
- Galesburg, IL
- Mount Pleasant, IA
- Osceola, IA (Des Moines)
- Omaha, NE
- Lincoln, NE
- Fort Morgan, CO (Sterling) (MT)
- Denver, CO–Union Station
- Colorado Springs, Pueblo,
- Fraser-Winter Park, CO
- Granby, CO (Rocky Mt. Nat'l Park)
- Glenwood Springs, CO (Aspen)
- Grand Junction, CO
- Green River, UT
- Helper, UT (Price)
- Salt Lake City, UT
- Ogden, Anbindung an Boise, Las Vegas
- Reno, NV
- Truckee, CA (Lake Tahoe)
- Sacramento, CA
- Martinez, CA (San Joaquin Trains)
- Richmond, CA
- Emeryville, CA

Links Die VIA fuhr 2004 Werbung für den neusten Spiderman-Film.

Links unten Raucherpause bei jeder Gelegenheit

Unten Führerstandsmitfahrten bei der VIA waren grundsätzlich möglich, ein Erlebnis für den fotografierenden „Beimann".

VIA KANADA

VIA Rail Canada (auch als VIA Rail oder VIA bezeichnet) ist die staatliche Eisenbahngesellschaft Kanadas für den Personenfernverkehr mit Sitz in Montréal. Sie unterhält Zugverbindungen in acht Provinzen (ausgenommen Neufundland und Labrador sowie Prince Edward Island) vom Atlantik bis zum Pazifik und von den Großen Seen bis zur Hudson Bay. Seit ihrer Gründung im Jahr 1977 konnte VIA Rail keine wirtschaftliche Unabhängigkeit erreichen und ist auf dauerhafte Subventionszahlungen angewiesen. 2012 waren 2800 Mitarbeiter in ihren Diensten. VIA Rail führt 497 Zugfahrten pro Woche durch und bedient dabei 159 Bahnhöfe. Die Zugflotte umfasst knapp 400 Personenwagen und ca. 80 Lokomotiven. Im Jahr 2012 wurden 10,4 Mio. Zugkilometer gefahren, dabei wurden 3,92 Mio. Fahrgäste befördert. Der überwiegende Anteil der Verkehrsleistung entfiel dabei auf den Intercity-Verkehr im Québec–Windsor-Korridor (91 Prozent des Passagieraufkommens und 74 Prozent der Personenkilometer). VIA Rail nutzt Gleisanlagen von zehn Frachteisenbahnunternehmen auf 12.500 Kilometern Strecke und besitzt lediglich 223 Kilometer Eisenbahnstrecke selbst. Das Unternehmen hat daher nur beschränkten Einfluss auf Pünktlichkeit, die konsequente Ausrichtung der Fahrpläne an die Nachfrage oder auf die Verkürzung von Reisezeiten.

Ein Zug von Montréal ist soeben in Toronto eingetroffen. Der Aufenthalt auf dem Bahnsteig zum Fotografieren musste 2004 – Nachwirkungen von „9/11" – noch mühsam erhandelt werden …

Das Betanken findet bei Zwischenhalten direkt am Zug statt.

Geschichte

Analog zur Entwicklung in den USA fuhren auch in Kanada seit den 1960er-Jahren die beiden Eisenbahngesellschaften Canadian Pacific Railway (CP) und Canadian National Railway (CN) mit ihren Personenzügen Verluste ein. 1966 beschloss man daher mit dem „National Transportation Act" (NTA) die Subventionierung des Personenfernverkehrs. Trotz einer Förderung von bis zu 80 Prozent blieb der Personenverkehr defizitär.
Ab Januar 1976 wurden 100 Prozent der Verluste durch den Staat abgedeckt. Die Bemühungen der beiden Gesellschaften CP und CN, ihr Angebot zu koordinieren, verliefen ergebnislos. Daher gründete die Regierung 1977 die CN-Tochter VIA Rail Canada als Personenverkehrsgesellschaft, in der auch der CP-Personenverkehr aufgehen sollte. Da auch dies nicht funktionierte, wurde am 31. März 1978 die „VIA Rail Canada" gegründet, die der Regierung direkt unterstand. In der Folge kaufte VIA Rail von CP und CN das notwendige Lok- und Waggonmaterial.
In den folgenden Jahren wurden zahlreiche Zugverbindungen gestrichen, es wurde aber auch neues Zugmaterial erworben. So beschaffte VIA Rail zwischen 1977 und 1981 die LRC-Züge, die mehr Komfort als die bisher verwendeten Wagenparks der TurboTrains bieten sollten. Bis Ende der 1980er-Jahre flossen genug staatliche Mittel, sodass die Gesellschaft auch ins Tourismusgeschäft einsteigen konnte. Mit einem 1989 verordneten Sparkurs wurden jedoch die staatlichen Zuschüsse um 50 Prozent reduziert, was zur Streichung von mehr als der Hälfte der Züge und zum Rückgang von über 45 Prozent des Passagieraufkommens bis zum Jahr 1990 führte. In den Folgejahren konnte das Passagieraufkommen zwischen 3,5 und 4 Mio. stabilisiert und anschließend leicht gesteigert werden.
Im Jahr 2000 wurde ein jährlicher Zuschuss von 170 Mio. Kanadischen Dollar festgeschrieben sowie ein Fünfjahrplan für Investitionen von 400 Mio. Kanadischen Dollar beschlossen.
Damit war es VIA Rail möglich, moderne Lokomotiven der Baureihe P 42 von General Electric sowie neue Waggons zu erwerben, die eigentlich für den Eurotunnel-Verkehr Deutsch-

Leider sind längst nicht alle Sehenswürdigkeiten und Nationalparks mit dem Zug erreichbar. An die Niagarafälle zu gelangen, ist aber weder von den USA noch von Kanada aus ein Problem.

Auf dem Weg nach Churchill wird in der Küche des Zuges vier Mal am Tag auf engstem Raum gezaubert.

Im „Korridor" Toronto–Montréal wird das modernste Material eingesetzt.

„Was macht denn der Onkel da? Sich aus dem Zug stürzen?" Nein, er fotografiert nur! Interessierte Beobachterin im Zug nach Churchill.

2004 war der Rocky Mountaineer schon sehr erfolgreich, die Züge hatten eine beträchtliche Länge und verkehrten in der Hauptsaison teilweise mehrfach pro Woche. Die blau-weiße Lackierung war nur eine Übergangsvariante.

Diese in Prince Rupert aussteigenden Passagiere waren zum Großeinkauf unterwegs.

Kanadische Flagge an einem Schiff der „Inside Passage“

Einfachste Gleisverlegung auf der Strecke nach Churchill: In Deutschland entspräche das einer Museumsbahn. Dazu kommen Verwerfungen durch das Auftauen des Permafrostbodens, entsprechend hoch ist die Geschwindigkeit: zwischen 15 und 60 km/h!

Der Triebwagenbetrieb auf Vancouver Island gehört leider auch schon einige Jahre der Vergangenheit an. 2004 fuhren die Budds noch.

Eine Alternative zur Zugfahrt nach Vancouver ist die Reise mit dem Zug nach Prince Rupert und von dort weiter mit einem Fährschiff der Inside Passage, einer der sehenswertesten Tagesschiffsreisen der Welt.

Strecke	Streckenlänge	Zugfrequenz	Bemerkungen
Korridorzüge Strecke:			
Montréal–Kingston–Toronto u. a.	190 bis 540 km	1x bis 7x/Tag	Québec–Montréal Montréal–Ottawa Ottawa–Kingston–Toronto Toronto–Kitchener–London–Sarnia Toronto–Aldershot–Windsor bzw. Niagara Falls
Halifax–Montréal	1245 km	3x/Woche	„The Ocean", Nachtzug
Gaspé–Montréal	1047 km	3x/Woche	Nachtzug
Jonquière–Montréal	510 km	3x/Woche	
Senneterre–Montréal	717 km	3x/Woche	
Sudbury–White River	484 km	3x/Woche	
Toronto–Winnipeg–Edmonton–Jasper–Vancouver	4466 km	2-3x/ Woche	„The Canadian", Nachtzug
Winnipeg–The Pas–Churchill	1697 km	2-3x/ Woche	Nachtzug
Jasper–Prince George–Prince Rupert	1160 km	3x/Woche	Die Abschnitte Jasper–Prince George und Prince George–Prince Rupert werden an zwei jeweils aufeinanderfolgenden Tagen bedient
Victoria–Courtenay	225 km	-	Wegen Streckenschäden außer Betrieb (Stand Sommer 2014)

land–Großbritannien vorgesehen waren, dort aber nie eingesetzt wurden. Die VIA erwarb die Wagen 2001 und richtete sie für ihre Zwecke unter der Typenbezeichnung „Renaissance" her. Einsatzschwerpunkte sind der Nachtexpress „The Ocean/ L'Océan" und bisher mit LRC-Material gefahrene Korridorzüge.

Die seit 1989 geplante Errichtung von Hochgeschwindigkeitsschienenverkehren im Quebec-Windsor-Korridor ist bisher an der Finanzierung gescheitert. 2009 wurden die bisher verwendeten Zugnamen aufgegeben und durch Streckenbezeichnungen ersetzt. Nur „The Canadian/Le Canadien" und „The Ocean/L'Océan" behielten ihre traditionellen Namen.

Zugverbindungen

Tägliche Zugverbindungen gibt es nur im Quebec-Windsor-Korridor. Wochentags verkehren dabei, je nach Abschnitt, zwischen sechs und acht Züge, an den Wochenenden deutlich weniger. Bei den Fernverbindungen zeigt sich folgendes Bild: Der grenzüberschreitende Zug „The Maple Leaf" Toronto–Niagara Falls–New York City wird gemeinsam mit Amtrak betrieben. Die weiteren grenzüberschreitenden Zugverbindungen „Adirondack" Montréal–New York City (einmal täglich) und „Cascades" Vancouver–Seattle (zweimal täglich) betreibt Amtrak alleine.
Auch für Kanada gibt es preislich interessante Railpässe, die je nach Saison und Klasse ab 370 Kanadischen Dollar zu haben sind.

Canadian

Der Zug mit der aussagekräftigen Nr. 1 und dem Zugnamen „Canadian" verkehrt mit einer durchschnittlichen Geschwindigkeit von knapp 90 km/h auf der ersten knappen Hälfte seines Weges. 1943 Kilometer sind von Toronto bis Winnipeg zurückzulegen. Insgesamt sind es 4466 Kilometer bis Vancouver, auf dem zweiten Teil der Route wird der Zug mit durchschnittlich 50 km/h deutlich langsamer. Zwischen 20 und maximal 37 Waggons bilden den Zug. Mit dabei sind bis zu drei Speisewagen und bis zu vier Dome Cars.

Der Canadian erreicht in einigen Minuten Winnipeg. Dort zweigt auch die Strecke nach Churchill ab. Dann hat er etwa die Hälfte der Strecke hinter sich.

Hinter Toronto wird die Landschaft etwas hügeliger, ohne dass man schon von Gebirge sprechen könnte. Niedrige Wälder lösen sich mit landwirtschaftlich genutzten Flächen ab. Altertümliche Traktoren ziehen ihre Runden. Die Strecke ist nach dem Verlassen des Großraums Toronto eingleisig, was den Betriebsablauf oft behindert. Häufig werden Güterzüge gekreuzt, und meistens hat die VIA das Nachsehen und muss warten. Bei Parry Sound wird an der Georgian Bay des Lake Huron eine nette Seenlandschaft durchfahren: einsam gelegene Häuschen mit Blick auf die Strecke, direkt am Wasser. Derweil mäandert ein silbrig-blauer Wurm durch eine Seen-, Bach-, Wald- und Wiesenlandschaft wie aus dem Bilderbuch.

Der Fahrplan weist etliche „Stops on request" aus: Es steigen Heerscharen von Anglern und andere erkennbare Fans der Wildnis zu, der Gepäckwagen wird mit Lebensmittelvorräten, Angelausrüstungen und Gewehren beladen. Der Lokführer orientiert sich an den Meilenangaben, er hat einen „Waschzettel" mit den genauen Kommawerten, wo er stehen bleiben soll, und so wird Train No.1 vorübergehend zur Bimmelbahn.

Die Landschaft hat sich am zweiten Tag etwas gewandelt. Mehr Fels, etwas mehr Berg und Tal, ohne schon direkt hügelig zu sein. Aber immerhin gibt es gleich mehrere Tunnels, die Anzahl der Seen wird etwas geringer. Bei der Annäherung an Winnipeg ändert sich das Landschaftsbild erkennbar. Mittlerweile nehmen landwirtschaftliche Nutzflächen weite Teile der Gegend ein, durchsetzt von einzelnen kleineren Waldstücken. Die Landschaft hinter Winnipeg wird für einige Dutzend Kilometer abwechslungsreich: Das Qu'Appelle-Valley wird zunächst am oberen Rand passiert. Dann führt die Strecke bis auf den Boden des ca. knapp 100 Meter tiefen Urstromtals hinab, um nach einigen Kilometern unten doch wieder auf die Hochfläche anzusteigen. Die Landschaft ist deutlich hügeliger als zuletzt, irgendwie sieht alles sehr nach Eiszeit und Endmoränen aus. Neben der in diesem Teil Kanadas üblichen Landwirtschaft kommt sogar Exotisches wie eine Bisonherde hinzu.

Auf dem Abschnitt Hinton–Jasper folgt die Einfahrt in die Rockies, wie erwartet ein Höhepunkt der Reise. Im Westen fehlt auf weiten Teilen das zweiten Streckengleis, es wurde in den

Nur bei drastischen Verspätungen von mehreren Stunden kommen die Fahrgäste bei Tageslicht in den Genuss der Durchfahrt durch die höchst sehenswerten Thompson und Fraser Canyons.

letzten Jahren abgebaut. Der Grund: Die staatliche CN wurde vor einigen Jahren privatisiert. 51 Prozent sollten beim Staat verbleiben. Dennoch wurde mehr als die Hälfte des Unternehmens verkauft. Und die neuen Eigner machten zunächst einmal selbst das zu Geld, was im wahren Wortsinn niet- und nagelfest war: unter anderem eben jede Menge Streckenkilometer Doppelgleise, die nunmehr nur noch einspurig zu befahren sind.

Einige Dutzend Kilometer vor Jasper beginnt, zunächst in dicht bewaldetem Gebiet und daher wenig wahrnehmbar, der Aufstieg in die Rocky Mountains. Nun kommt ein herrliches Hochgebirgspanorama in Sicht. Nach einem längeren Aufenthalt folgt der Abstieg in das Fraser Valley, dem der Zug bis Vancouver folgt. Diese absolut herrliche Passage wird leider nachts durchfahren. Am Morgen läuft der Canadian in Vancouver ein.

Auch im August 2014 war dem Fotografen das Glück hold. Dieses Mal waren es lange zehn Stunden Verspätung bei der Überquerung des Fraser River bei Lytton.

Trotz intensivem Vorortverkehr mit teilweise Fünf-Minuten-Takt präsentiert sich die Eisenbahninfrastruktur in Chicago zu großen Teilen noch sehr klassisch. Die Züge der Metra Rock Island Line nach Joliet kreuzen bereits wenige Minuten nach Verlassen der La Salle Street Station in Downtown Chicago laut scheppernd die heute zur Canadian National gehörende einstige Stammstrecke der Illinois Central niveaugleich in rechtem Winkel (25. November 2008).

Rechts Die Station Morgan der grünen bzw. der „pinken" Linie nach Harlem verläuft genau in Ost-West-Richtung, was abends ein gutes Rückenlicht auf die Skyline Chicagos ermöglicht.

DER SCHIENENNAHVERKEHR

Die Rettung vor dem Verkehrsinfarkt

Während der Schienenfernverkehr im nördlichen Amerika, von wenigen Ausnahmen abgesehen, weiterhin im Dornröschenschlaf liegt und – zumindest in den USA – mit seiner gehobenen Preisgestaltung selbst bahnaffine Touristen verschreckt, haben die Entwicklungen im Nahverkehr in einigen Regionen schon fast explosionsartigen Charakter. Nicht unbeteiligt darin sind sicher auch die gewaltig gestiegenen Benzinpreise (in den USA von Ende der 1990er-Jahre bis heute um ca. 400 Prozent, in Deutschland zum Vergleich um ca. 100 Prozent) sowie der teilweise völlige Kollaps des Berufsverkehrs per Auto.

Vielerorts kommen die Straßenplaner nicht mehr nach mit Neubauten, und teilweise ist schlicht kein Platz mehr vorhanden, wo man noch Straßen bauen könnte.

So wurden seit Ende der 1980er-Jahre viele städtische Schienennahverkehrssysteme an der amerikanischen Ost- wie der Westküste ausgebaut – von den Straßenbahnstrecken wie der Muni und der Schnellbahn BART in San Francisco über die zahlreichen neuen Straßenbahnsysteme in Sacramento, Denver, New Jersey, San José und vielen mehr bis hin zu den Nahverkehrsnetzen in Los Angeles und San Diego oder Salt Lake City. Selbst Las Vegas hat die Gebote der Stunde erkannt und – stilgerecht extravagant mit Monorails – umgesetzt.

Nachfolgend einige charakteristische Beispiele in Sachen Nahverkehr, ohne den Anspruch auf Vollständigkeit zu erheben.

CHICAGO

Chicago ist die unangefochtene Eisenbahnhauptstadt der USA, der größte Bahnknoten auf dem Kontinent. Zwei von drei Langstreckenzügen der USA passieren Chicago. Sechs von sieben Class 1-Gesellschaften erreichen auf eigenen Gleisen die Stadt – einmalig in Nordamerika. In der ersten Hälfte des 20. Jahrhunderts erreichten übrigens noch die Gleise von mehr als

30 Bahngesellschaften die Stadt. Es entstanden Terminals für den Personenverkehr und riesige Güterbahnhöfe im Umland, Verbindungsbahnen ermöglichten den Wagenaustausch zwischen den einzelnen radial auf Chicago zulaufenden Strecken und Gesellschaften.

CTA (CHICAGO TRANSIT AUTHORITY)

Der innerstädtische Verkehr wird über den sogenannten „Loop" abgewickelt. Die Chicagoer Hochbahn, auch „L" genannt, dient der Feinerschließung der von Metra, South Shore Line und Amtrak in die Stadt transportierten Menschenmassen. Die Bahn selbst mit ihrem quadratisch ums Zentrum herumführenden, aufgeständerten Fahrweg ist allein schon einen Besuch wert.

Metra (Metropolitan Railway Authority)

Die Metra verfügt über ein sehr umfangreiches Nahverkehrsnetz in die weiter entfernten Vororte und zu den Nachbarstädten Chicagos. Mit elf Linien und über 200 Stationen bildet das Metra-System das Rückgrat der Verkehrsströme aus den Vororten im Großraum Chicago in das Stadtzentrum und zurück. Der offizielle Name der Metra ist „Northeast Illinois Regional Commuter Railroad Corporation". Der Großteil der Strecken wird mit Doppelstock-Wendezügen mit Dieselloks bedient. Auch die Amtrak-Strecken verlaufen parallel auf gemeinsamen Trassen, die Union Station ist auch der innerstädtische Hauptbahnhof der Metra. Der Großteil der Verkehrsleistungen wird mit klassischen Dieselgarnituren erbracht, lediglich die Metra Electric und die South Shore Line verkehren mit Elektrotriebwagen.
Im Metra-Dieselnetz werden grundsätzlich Wendezüge mit bis zu zwölf Doppelstockwagen eingesetzt. Der Steuerwagen steht auf allen Strecken in Richtung Chicago, um in den dortigen Kopfbahnhöfen die Abgase am Bahnsteig zu minimieren.
In Downtown Chicago stehen den Metra-Zügen drei Kopfbahnhöfe zur Verfügung: Union Station, Ogilvie Transportation

Wenn ein Zug der South Shore Line in Michigan City einläuft, steht der Verkehr auf der Hauptstraße. Der Ticketverkauf für die Fahrt findet mitten auf der Straße statt.

Zwischen den Berufsverkehren stehen rings um die Downtown zahlreiche Metra-Züge abgestellt, hier die Abstellanlage der Metra Electric in der Nähe der 18th Street. Nur unweit von hier im Grant Park wird am Abend des gleichen Tages ein gewisser Obama, seines Zeichens Chicagoer, rufen: „Yes, we can" – und vor Hunderttausenden den Gewinn der Wahl bekannt geben, 4. November 2008.

Center (OTC) und La Salle Street Station. Das gesamte Bedienungskonzept ist sehr stark auf die Berufspendler zwischen den Vororten und Downtown Chicago ausgerichtet. So besteht morgens stadteinwärts und nachmittags stadtauswärts eine sehr dichte Zugfolge auf allen Strecken (teilweise Drei-Minuten-Abstand), wobei kurz aufeinanderfolgende Züge auf einer Strecke jeweils unterschiedliche Stationen bedienen. Außerhalb der Rushhour werden die meisten Strecken im Stundentakt befahren. Am Wochenende besteht auf acht Strecken ein Zweistundentakt, auf den restlichen ruht der Verkehr.
Die Metra verfügt über ca. 150 Streckenloks, von denen der Großteil (85 Maschinen) klassische F40PH/F40PH-2 mit Vorbauten sind, insgesamt 30 Exemplare sind F40PHM mit abgeschrägter Front. Die modernsten Fahrzeuge der Metra-Dieselflotte bilden 27 MP36PH-3S mit sehr futuristischem Design.

Metra Electric

Die Metra Electric ist heute ein Teil der Metra, allerdings sind die Strecken elektrifiziert und werden mit japanischen Doppelstocktriebwagen bedient. Das Netz der Metra Electric hat seinen Ursprung in der Millennium Station (ehemals Randolph Street Station) südöstlich der Downtown und setzt sich aus drei Ästen zusammen: der Stammstrecke entlang der ehemaligen Illinois Central in Richtung New Orleans bis University Park, dem South Chicago-Ast zur 93th Street im Süden Chicagos und dem Blue Island-Ast, der die Stammstrecke mit der Metra Rock Island Line in Blue Island verbindet.

Die Elektrifizierung wurde bereits 1926 vorgenommen und präsentiert sich noch heute weitestgehend im Originalzustand. Jede der drei Strecken hat einen völlig unterschiedlichen

South Shore Line: Auch die Züge am späteren Abend sind durchaus noch gut frequentiert; hier ein Halt in Michigan City.

Charakter: Die Stammstrecke verläuft weitestgehend in Dammlage und ist bis Kensington (hier zweigt sowohl der Blue Island-Ast als auch die South Shore Line ab) viergleisig, der zweigleisige Ast nach South Chicago verläuft weitestgehend im Mittelstreifen von Straßen und vermittelt so den Charakter einer Stadtbahn. Der eingleisige Blue Island-Ast ist auf einfachste Weise trassiert. Besonders sehenswert sind die vielerorts originalen Zugangsbauwerke und Bahnsteige aus Holz. Sowohl an der mehrgleisigen Stammstrecke als auch an den Nebenästen sind hier noch einige Relikte vergangener Jahrzehnte zu finden. Die Hauptlast des Verkehrs tragen aus den 1970er-Jahren stammende Doppelstock-Doppelgarnituren. Da diese wahlweise als führendes Fahrzeug wie auch in der Zugmitte verkehren, verfügen alle Wagen über Fronttüren, die das Fahrzeugdesign doch recht ungewöhnlich erscheinen lassen. In den 1990er-Jahren wurde eine weitere Generation der Doppel-Triebwagen beschafft, die optisch den Steuerwagen der Dieselstrecken sehr ähnelt.

South Shore Line

Ein besonderes Kapitel des Vorortverkehrs in Chicago ist die South Shore Line, welche Chicago mit South Bend im Bundes-

Ebenfalls in der Station Morgan bietet die andere Richtung eindrucksvolle Stimmungsaufnahmen.

staat Indiana verbindet. Sie ist mit 140 Kilometern die längste Vorortstrecke und verläuft entlang der Südküste des Lake Michigan. Als einzige Chicagoer Vorortlinie wird die South Shore Line nicht von der Metra betrieben, sondern von einer eigenen Gesellschaft mit dem komplizierten Namen „Northern Indiana Commuter Transport District“ (NICTD). Die South Shore Line verläuft im innerstädtischen Bereich ab Kensington auf einer gemeinsamen Trasse, aber mit getrennten Gleisen mit der Metra. Die Metra verkehrt dabei mit Doppelstock-Triebwagen, während bei der South Shore Line noch überwiegend die normalen E-Triebwagen im Einsatz sind.

Die South Shore Line gilt als eine der letzten „Überlebenden“ einer einst in Nordamerika weitverbreiteten Eisenbahnart, der „Interurban“, einer Art Überlandstraßenbahn. Der Charakter der Bahn wechselt sehr stark.

Auf den ersten Kilometern von der Millennium Station in Chicago bis Kensington nutzt die South Shore Line die fast durchgehend fünf- oder sechsgleisige und meist als Damm oder Viaduktbahn verlaufende Magistrale, von der zum Großteil vier Gleise elektrifiziert sind. Hinter Gary wird es sehr ländlich.
In Michigan City verläuft die Bahn wie eine Straßenbahn direkt auf der Straße und hat dabei sogar mehrere Bahnübergänge mit Schranken, zum Beispiel mit der Amtrak-Strecke nach Detroit. Zudem vermitteln der leichte Oberbau und die auf weiten Teilen noch vorhandenen alten Holzfahrleitungsmasten der Bahn insbesondere auf dem östlichsten Abschnitt (Michigan City–South Bend) noch echtes Lokalbahnflair.
Eingesetzt wurden bis 2009 ausschließlich 58 aus Japan (gebaut von Nippon-Sharyo) stammende Triebwagen und zehn dazugehörige Beiwagen, seitdem ergänzen Doppelstocktriebwagen, die den für die Metra beschafften Fahrzeugen weitestgehend

Ein Zug der NJT steht abfahrbereit in Hoboken.

Ein Express der Linie 5 rauscht auf dem Überholgleis durch die Freeman Street in der Bronx.

gleichen, den Bestand. Das Depot der Linie befindet sich an der Station Carol Avenue in Michigan City.
Neben den Vorortzügen gibt es auf der South Shore Line auch noch Güterverkehr, hauptsächlich zu Kraftwerken rings um Michigan City, dieser wird von der Gesellschaft South Shore Freight mit neun GP38 Diesellokomotiven abgewickelt.

NEW YORK

New York ist eine spannendsten Städte der Welt. Ihr Bahnsystem ist den Millionen Pendlern angemessen, hat aber einen gravierenden Schönheitsfehler für Fotografen: Es liegt fast vollständig im Untergrund. New Yorks Stadtgebiet umfasst fünf Stadtbezirke: Manhattan, Bronx, Brooklyn, Queens und Staten Island. Die Metropolregion New York mit fast 20 Mio. Einwohnern ist einer der bedeutendsten Wirtschaftsräume und Handelsplätze der Welt, Sitz vieler internationaler Konzerne und Organisationen (inklusive der Vereinten Nationen) und ein wichtiger Hafen an der amerikanischen Ostküste.

Auch im Zeitalter des Autos sind New York zwei wichtige Bahnhöfe für den Zugverkehr verblieben: Grand Central Terminal und Pennsylvania Station. Grand Central liegt auf der East Side in Midtown, Penn Station dagegen auf der West Side. Beide Bahnhöfe bieten zahlreiche Umsteigemöglichkeiten zu Bus- und U-Bahnlinien. Im Grand Central Terminal, auch Grand Central Station genannt, enden gegenwärtig die Pendlerzüge der „Metro-North Commuter Railroad" aus Richtung Westchester County, Putnam County, Dutchess County, Fairfield County und New Haven County.
Die Grand Central Station wurde am 2. Februar 1913 als Kopfbahnhof eingeweiht und ist seitdem der größte Bahnhof der Welt – sie verfügt über 44 Bahnsteige, an denen 67 Gleise enden. Der Bahnhof liegt auf zwei Ebenen, 41 Gleise enden auf der oberen, 26 auf der unteren Ebene. An der Penn Station halten neben dem Nahverkehr auch die Fernzüge der Amtrak.

Metro-North

Die Metro-North wurde 1983 gegründet, als die Conrail ihre im Northeast Corridor betriebenen Vorortbahnen an die regionalen Verkehrsbehörden abgegeben hatte. Metro-North betreibt fünf Hauptlinien, jene nach New Haven, Wassaic und Poughkeepsie als „East of Hudson Service" und zwei Linien nach Port Jervis und Spring Valley als „West of Hudson Service". In New Haven besteht seit 1990 Anschluss an die von Amtrak betriebene Shoreline-East-Regionalbahn. Ebenfalls wurden weitere im Bundesstaat

Das „Must" eines New York-Besuches: Ab dem späten Nachmittag bis zur Dämmerung bietet die Aussichtsterrasse im 86. Stock des Empire State Building beste Fotomöglichkeiten. Die obere Etage (102. Stock) ist verglast und deutlich schlechter zum Fotografieren geeignet.

Die hervorragend renovierte Halle der Grand Central Station zeugt von besseren Zeiten. Heute findet hier nur noch Nahverkehr statt.

New Jersey liegende Strecken als „West of Hudson-Services" übernommen, deren Züge im Bahnhof Hoboken in Jersey City beginnen. Metro-North verwendet das Zugmaterial der New Jersey Transit (NJT). Die drei von der Grand Central Station abgehenden Strecken sind mit einer Stromschiene von 600 Volt Gleichspannung elektrifiziert, die Spannung wird dabei von unten abgegriffen. Die New Haven-Linie ist ab New Rochelle mit einer Wechselstrom-Oberleitung versehen. Hiervon zweigen die Strecken nach New Canaan, Danbury und Waterbury (alle nicht elektrifiziert) ab. Die beiden anderen Strecken sind nur bis Crommon (Hudson-Linie) und Southeast nördlich von Brewster (Harlem-Linie) elektrifiziert. Die nicht elektrifizierten Strecken werden mit kurzen Dieselpendelzügen betrieben.

U-Bahn MTA

Die MTA (Metropolitan Transportation Authority) ist ein staatliches Verkehrsunternehmen des US-Bundesstaats New York. Das ÖPNV-Netz umfasst insgesamt ein Versorgungsgebiet von 13.000 Quadratkilometern mit einer Bevölkerung von 14,6 Mio. Menschen. Es beinhaltet die Stadt New York, Long Island sowie den Südosten der Bundesstaaten New York und Connecticut.

Das New Yorker U-Bahn-Netz, das in weiten Streckengebieten einen 24-Stunden-Service bietet, ist mit über 4,9 Mio. Fahrgästen pro Tag eines der größten der Welt.
Der erste Tunnelabschnitt wurde am 28. Oktober 1904 von der Interborough Rapid Transit (IRT) eröffnet, und so zählt die IRT zu den ältesten U-Bahnen der Welt. Rund 6000 Wagen der U-Bahn verkehren auf 26 Linien, 468 Bahnhöfen und 337 Streckenkilometern mit über 1355 Kilometern Gleis. Bis auf 35 Kilometer wird das Netz von der New York City Transit Authority (NYCTA) betrieben, der Rest von der Port Authority Trans-Hudson (PATH). Letztere verkehrt zwischen Manhattan und New Jersey. Täglich werden 7400 Zugfahrten durchgeführt.

Die einzelnen Linien sind entweder durch Buchstaben oder Zahlen und durch verschiedene Farben gekennzeichnet.

In Newark passieren alle Gleise aus der New Yorker Penn Station kommend den Passaic River auf einer beeindruckenden Hubbrücke. Der klassische Anblick auf zahlreichen elektrifizierten Strecken im Vorortverkehr von New York sind die Arrow III-Triebwagen von General Electric. Hier erreicht der New Jersey Transit gehörende Triebwagen #1341 soeben die Penn Station in Newark, 6. Mai 2010.

Auch den Großraum New York hat die Straßenbahn-Renaissance in den USA erreicht: Tram in der Essex Street, Jersey City, NJ, im Juli 2008.

Das „Fahrkarten"-System ist denkbar einfach, auch nach Abschaffung der „Token" 2002. Token waren Münzen, die zur einfachen Fahrt berechtigten, indem sie den Durchgang durch die Drehkreuze ermöglichten. Heute erledigen dies Magnetkärtchen („MetroCard") in dem üblichen Scheckkartenformat.
Die werden am Automaten gegen Münzen, Scheine oder Kreditkartenabbuchung gelöst. Mit einer „einfachen Fahrt" lässt sich theoretisch das gesamte Netz abfahren, weil man beim Umsteigen die Sperren nicht durchschreiten muss. Auch Rückfahrten – ohne den Bahnhof verlassen zu haben – sind in den meisten Fällen möglich. Dies ist hilfreich, wenn Reisende ihre Station verpasst haben oder in eine der Express-Linien geraten sind, die nur an einigen Stationen halten und sonst, teilweise auf separaten „Überhol"-Gleisen, durchfahren. Aus betrieblichen Gründen kann auch ein „Local" auf freier Strecke zum „Express" erklärt werden und umgekehrt – Pech für die jeweiligen Fahrgast, aber meistens nur ein Zeitverlust von wenigen Minuten … Die Fahrtrichtung ist in der Regel „Downtown" (Richtung Stadtzentrum, also hier Manhattan) und „Uptown". Manche Stationen haben getrennte Eingänge.

Long Island Rail Road

Vollständigkeitshalber sei noch die „Long Island RR" erwähnt. An jedem Werktag werden in ca. 750 Zügen ca. 300.000 Kunden transportiert. Mit dem Gründungsdatum 24. April 1834 ist sie die älteste Bahn weltweit, die noch unter ihrem ursprünglichen Namen verkehrt. Schon seit der Gründung war die LIRR wesentlicher Teil der Infrastruktur des Großraum New Yorks.
Nahezu 500 Züge enden oder starten an der Penn Station.
An zweiter Stelle der Bahnhöfe steht Flatbush Avenue in Brook-

lyn, gefolgt von Hunterspoint Avenue and Long Island City in Queens. An allen Endstationen besteht Anschluss an die Subway.

New Jersey Transit

Die New Jersey Transit (NJ Transit) ist die landeseigene Verkehrsgesellschaft des US-Bundesstaates New Jersey. Diese betreibt Eisenbahnen im Vorortverkehr, Stadtbahnen und Omnibuslinien im gesamten Staat, mit den Schwerpunkten in den Großräumen New York und Philadelphia.
Im Einzelnen werden folgende Strecken bedient:

- Atlantic City Line
- Northeast Corridor Line
- Main Line/Bergen County Line
- North Jersey Coast Line
- Montclair-Boonton Line
- Pascack Valley Line
- Morris & Essex Lines
- Raritan Valley Line

Die NJ Transit gibt es seit den 1960er-Jahren. Das Verkehrsministerium des Bundesstaates New Jersey begann, den hochdefizitären Nahverkehr der finanziell angeschlagenen US-Eisenbahngesellschaft Central of New Jersey (CoNJ) zu subventionieren, um deren Betrieb aufrechtzuerhalten. Viele der Strecken sind bis heute elektrifiziert. Endpunkt für die meisten Strecken ist der Bahnhof Hoboken Terminal (gegenüber Manhattan gelegen). Die elektrischen Züge des Northeast Corridor, der New Jersey-Küstenstrecke und der Essex- und Morris-Linie führen überwiegend direkt bis zur Penn Station in New York.

Ab 1979 übernahm die neu gegründete New Jersey Transit Corporation den gesamten Betrieb. 1982 wurde schließlich die heutige NJ Transit Railroad gegründet. 1984 folgte die Umstellung der 3000-Volt-Gleichspannungsbahnen auf ein 27.000-Volt-Wechselspannungssystem. Weitere Strecken wurden von der Amtrak (Atlantic City–Lindenwood, 1989) übernommen oder neu eröffnet (1991: New Jersey Coast Line, 1994: Netcong–Hackettstown, 1996: Dover–Penn Station).

Straßenbahnen

Für den Nahverkehr gibt es mittlerweile drei Straßenbahnenbetriebe im Umfeld des Big Apple:

- Die neue Stadtbahn Hudson–Bergen Light Rail fährt in Sichtweite Manhattans zum Teil direkt am Hudson River entlang. Sie verbindet North und South Hudson County mit Jersey City (Waterfront und Hoboken).
- Auf der River Line verkehren seit 2004 die Straßenbahnen der New Jersey Transit zwischen der Hauptstadt Trenton und Camden. Die Strecke ist immerhin 54 Kilometer lang, es gibt 20 Haltestellen.
- Die Newark Light Rail führt vom Norden Newarks in die außerhalb gelegenen Vororte.

Die Stadtbahnstrecken werden von sechsachsigen Niederflurstadtbahnwagen (ähnlich dem Kölner Typ K 4000) von Kinki Sharyo aus Japan befahren.

NÖRDLICHES KALIFORNIEN

An vielen Stellen entwickelt sich der schienengebundene Nahverkehr in den letzten Jahrzehnten in den USA höchst positiv, nachdem vorher die Tendenz seit dem Ende des Zweiten Weltkrieges konstant in die entgegengesetzte Richtung lief.
Der Norden Kaliforniens ist dabei das Beispiel der USA in Sachen Umweltschutz schlechthin und soll daher hier beispielhaft für andere Regionen ausführlich dargestellt werden.
Ein dichtes Netz an Bahnverbindungen wurde hier in den vergangenen Jahren geknüpft, allerdings vornehmlich auf Pendler ausgelegt. Der größte Schönheitsfehler – vor allem für besuchende Touristen – ist, dass es keinerlei Tarifverbund gibt und jede Bahn ihre eigenen Preise pflegt. Immerhin funktioniert die Zusammenarbeit bezüglich der Anschlüsse. Angefangen hatte der SPNV-Boom Ende der 1980er-Jahre mit wenigen Zugpaaren des Caltrain von San Francisco in die Vororte und drei eher kleinen Straßenbahnstrecken in San Diego, San José und Sacramento.

Amtrak

Die Amtrak baute ihr Angebot in Kalifornien aus, sodass es – nur hier – ein eigenes Staats-Department „Amtrak California" gibt, das Züge wie „Surfliner" (im Süden) und „Capitol Corridor" und „San Joaquin" im Norden anbietet. Sie betreibt in Kalifornien ein eigenes Netz, wenngleich dieses bisher noch recht überschaubar ist. Im Norden verkehren Züge zwischen San José (–Oakland–Sacramento)–Auburn (Capitol Corridor Service) und von Sacramento bzw. Martinez nach Bakersfield (San Joaquin Service), im Süden zwischen Los Angeles und San Diego.

Ohne sie ginge hier in der Rushhour nichts mehr: Die Caltrains San Francisco–San José dienen den Pendlerströmen in Richtung der Innenstadt San Franciscos; hier ein südwärts fahrender Zug in San Carlos.

Caltrain

Der Caltrain ist ein Vorortzug aus der Innenstadt San Franciscos in Richtung Süden durch das Silicon Valley. Die Strecke führt über Millbrae und Palo Alto nach San José im Santa Clara County, teilweise bis Gilroy. Der Zug fährt werktags im 30-Minutentakt und wird im Berufsverkehr morgens und abends durch zusätzliche Züge sowie Expresszüge verstärkt. Eingesetzt werden diesellokbespannte Doppelstockzüge. Zwischen San Francisco und San José verkehren täglich 96 Züge.

Nach einer Verkehrsstudie über die Zukunft des Nahverkehrs wurde 1987 das „Joint Powers Board" gegründet, das 1991 die Rechte an Strecke und Fahrzeugen von der Southern Pacific übernahm und Caltrain mit dem Betrieb der Strecke beauftragte. In San José gibt es einen Übergang zum „Capitol Service", zum Fernverkehr der Amtrak sowie zum „Altamont Commuter Express" nach Stockton. Caltrain setzt einen vielfältigen

Ein nachmittäglicher Zug des ACE kurz vor dem Gipfel des Altamont-Passes in Richtung Stockton.

Fahrzeugpark ein. Neben Lokomotiven von EMD, darunter des Typs F40 und des Typs MP36PH-3C von Motive Power, fahren BiLevel Coach-Doppelstockwagen von Bombardier und Gallery-Doppelstockwagen von Kinki Sharyo. Wegen der hohen Zugfrequenz im Berufsverkehr steht bis zum Jahr 2015 die Elektrifizierung der Strecke auf dem Plan.

Nahverkehr in San Francisco

In San Francisco war neben den Cable Cars schon lange eine Straßenbahn vorhanden, die nun kontinuierlich weiter ausgebaut wurde.

Muni

Der öffentliche Nahverkehr in San Francisco wird vom San Francisco Bay Area Rapid Transit District (BART) und der San Francisco Municipal Railway (Muni) betrieben, wobei Muni Metro auch die berühmten Cable Cars, die Market Street Railway (F) mit den Museumsstraßenbahnen und diverse Diesel- und Oberleitungsbus-Linien anbietet. Die San Francisco Municipal Railway betreibt Oberleitungsbusse, Omnibusse, Straßenbahnen und die Cable Cars.
Neben dem BART ist die Muni Metro das zweite Schienenverkehrsmittel, das die Innenstadt teilweise unterquert. Die Linien J, K, L, M, N und T fahren durch den Tunnel in der Market Street parallel zur BART-Strecke und haben dort dieselben Stationen. Im weiteren Verlauf verzweigen sich die Strecken insbesondere auf der westlichen Seite des Tunnels. Die Linien N und T verlaufen am Ufer der Bucht von San Francisco und bedienen auch die Endstation des Caltrain.

BART

Der BART (Bay Area Rapid Transit) ist innerstädtisch ein U-Bahn-ähnliches Nahverkehrssystem, das die größten Städte in der Bucht von San Francisco miteinander verbindet. Außerhalb der Zentren verlaufen die Strecken meistens aufgeständert als Hochbahnen. Der erste Streckenabschnitt zwischen Oakland und Fremont wurde 1972 eröffnet. Heute befördert das System werktäglich über 380.000 Passagiere. Das System startete 1972

Links Die Straßenbahn in San José umrundet beidseitig den Stadtpark im Zentrum.

Mitte Aus den anfänglich kurzen Strecken nach der Wiederbelebung der Straßenbahn in San Francisco Anfang der 1990er-Jahre wurde inzwischen ein dichtes Netz. Auch die Caltrain-Station ist angebunden.

Rechts Die Straßenbahn ist aus der Innenstadt in Sacramento nach nur wenigen Jahrzehnten nicht mehr wegzudenken.

mit weniger als einem Zehntel dieser Zahlen (32.000). Die Schienen haben eine Spurweite von 1676 mm. Es wird mit 1000 Volt Gleichspannung gefahren, die Energiezufuhr erfolgt über eine seitliche Stromschiene. Die Höchstgeschwindigkeit von 128 km/h, und die großen Stationsabstände ermöglichen eine Durchschnittsgeschwindigkeit von 53 km/h. Das Netz verfügt über 44 Stationen und ist mit derzeit 167 Kilometern bereits großzügig ausgebaut. Alle Strecken sind zweigleisig ausgeführt. Außer in der Innenstadt verlaufen die Strecken aufgeständert.

Altamont Commuter Express

Die Strecke des 4. Altamont Commuter Express (ACE) führt von Stockton über den Altamontpass nach San José: Stockton–Lathrop/Manteca–Tracy–Vasco–Livermore–Pleasanton–Fremont–Great America–Santa Clara–San José. Morgens verkehren werktäglich vier Züge in Richtung Süden, am Abend geht es jeweils wieder zurück, die Fahrzeit beträgt jeweils gut zwei Stunden. Als reine Pendlerzüge in Richtung San José verkehren die Züge natürlich nicht an Samstagen, Sonn- und Feiertagen.

Sacramento Regional Transit District

Die „Sacramento Regional Transit District“-Stadtbahn (SACRT) ist ein Teil der Verkehrsinfrastruktur der Region. Das Streckennetz mit ca. 60 Kilometern Länge verbindet die östlichen und nordöstlichen Vororte mit der Innenstadt und dem Süden Sacramentos. Die Züge verkehren an sieben Tage in der Woche mit 14 Einheiten, tagsüber im 15-Minutentakt. In den Stoßzeiten verkehren Drei- und Vier-Wagen-Züge, während der Off-peak-Stunden genügen Zwei-Wagen-Züge. Einzel-Wagen-„Züge“ leisten die Dienste am späten Abend und sonntags.
Die Stadtbahn verfügt über 46 Kilometer doppelgleisiger und 13 Kilometer eingleisiger Strecke. Die Fahrzeuge stammen von Siemens Transportation Systems aus den Jahren 1987 bis 1991 (36 Stück) und von Construcciones y Auxiliar de Ferrocarriles (CAF) aus den Jahren 2002 bis 2003 (40 Stück). Die Höchstgeschwindigkeit beträgt 88 km/h.

Santa Clara Valley Transport Authority, San José

Die drittgrößte Stadt Kaliforniens, etwas südlich der Bucht von San Francisco gelegen, geht langsam aber sicher übergangslos in den Großraum der benachbarten Hafenstadt über. Ende der 1980er-Jahre, etwa zeitgleich mit dem Aufbau der Stadtbahn in Sacramento, begann der Betrieb der Straßenbahn der Santa Clara Valley Transport Authority (VTA) in San José. Heute führen die Linien von Almaden im Süden bis Santa Teresa im Norden. Die Fahrzeuge aus den Anfangsjahren stammten von der Urban Transportation Development Corporation (UTDC), Kanada.
Sie wurden bis 2003 wieder ausgemustert und teils nach Sacramento verkauft. Ab 2002 wurden die neuen Niederflurtriebwagen von Kinki Sharyo in Betrieb genommen. Im Einsatz sind aktuell 100 Fahrzeuge.

Historische Straßenbahnen auf der Linie F in San Francisco: Tw 1010 ex San Francisco

Ein Italiener: Tw 1818 aus Mailand

Aus Melbourne: Tw 496

Von der Philadelphia Rapid Transit Company kam Tw 1060

Historische Straßenbahnlinie F und Cable Cars

Die Straßenbahnlinie F in San Francisco fährt als Touristenlinie mit historischen Fahrzeugen oberirdisch von der Market Street zur Wharf. Eingesetzt werden herrlich restaurierte Altbaufahrzeuge, zum größeren Teil mit Wurzeln im gesamten amerikanischen Kontinent, aber auch aus Europa, unter anderem aus Mailand.

Die ab 1873 in Betrieb genommenen Cable Cars sind streng genommen historische Standseilbahnen. Sie werden über ein in eine Leitungsschiene in der Straße verlegtes, von einem Maschinenhaus bewegtes Seil angetrieben, in das sie sich einklinken, wenn sie fahren wollen, und das sie wieder loslassen, wenn sie stehen bleiben wollen. Das Maschinenhaus liegt an der Kreuzung der Mason Street mit der Washington Street. Im oberen Stock befindet sich das Depot mit der Reparaturwerkstätte, im mittleren Stock ein Museum.
Als einzige derartige Bahn sind die Wagen entkoppelbar. Gebremst wird mit entsprechendem Verschleiß mit Bremsbacken auf Radsätzen und Schienen. Die insgesamt drei Linien verlaufen jeweils über steile Steigungs- und Gefällestrecken,

Auch die Mitfahrt auf den Trittbrettern wird bei den häufig überfüllten Cable Cars toleriert.

Tw 1051 ex San Francisco

Ein Wagen aus Detroit: Tw 1079

Bergab zum Pazifik – mit Blick auf die Bay Bridge. In diesem Teil findet eingleisiger Verkehr statt, die Gegenstrecke verläuft in der Parallelstraße.

sie gehören zu den Sehenswürdigkeiten San Franciscos und sind bei Touristen sehr beliebt. Die Spurweite beträgt 1067 mm, der minimale Radius 13,1 Meter, die gesamte Streckenlänge 17,2 Kilometer.

Heute dienen die Bahnen zwar überwiegend der Touristen-Bespaßung (mit entsprechenden Ticketpreisen!), werden aber durchaus auch von den Einheimischen genutzt. Eigens für diese werden an den Anfangshaltestellen immer einige Stehplätze frei gehalten, die Wagen fahren also nie voll bepackt los.

Insider laufen daher zur zweiten oder dritten Haltestelle, einige Hundert Meter weit, und steigen dann als Einheimische „getarnt" ein. In den Jahrzehnten nach dem Zweiten Weltkrieg drohte lange Zeit der Untergang des Systems, bis man das Potenzial als Touristenmagnet erkannte und ab 1984 Geld in die Renovierung steckte. Das System wird, wie auch die Straßenbahnen inklusive der historischen Linie F, von der Muni betrieben. Daher lohnt sich eine ebenfalls nicht ganz billige Tageskarte auf jeden Fall, auch wenn leider nicht der BART und der Caltrain enthalten sind.

Die Hochhauskulisse der Spielerstadt ist nicht ganz einfach mit dem durchgehenden Bahnverkehr festzuhalten, auch wenn die Bahn noch (?) nicht tiefer gelegt wurde, wie beispielsweise in Reno.

LAS VEGAS

Gleich vier innerstädtische Schienen-Nahverkehrssysteme gibt es mittlerweile in Las Vegas, nicht zuletzt um den Dauerstau auf dem „Strip" zu verringern. Im Einzelnen sind dies:

Las Vegas Monorail

Die Las Vegas Monorail ist ein Einschienenbahn-System mit einer 6,4 Kilometer langen Strecke und sieben Stationen. Sie verbindet die großen Hotels und Sehenswürdigkeiten entlang des weltberühmten Las Vegas Strip. Somit können sich die Fahrgäste entlang der Hotel- und Spielanlagen mit einer Fahrzeit von maximal 15 Minuten in einer sicheren, sauberen, komfortablen und klimatisierten Umgebung fortbewegen. Mit den alle paar Minuten verkehrenden Zügen können die Fahrgäste schnell die Hotels und Kasinos, Geschäfte, Restaurants und das Las Vegas Convention Center erreichen. Mit ihrem ersten vollautomatisierten Steuerungssystem für den fahrerlosen Betrieb ist die Monorail eines der technologisch fortschrittlichsten Nahverkehrssysteme der Welt. 1993 entstand eine 1,7 Kilometer lange Monorail, die kostenlos benutzt werden konnte. Diese zukunftsweisende Transportmöglichkeit sollte alsbald auch auf weitere Örtlichkeiten entlang des Strips ausgeweitet werden.

2000 wurde die gemeinnützige Las Vegas Monorail Company (LVMC) gebildet, die das ursprüngliche Monorail-System erwarb. Mitte des Jahres 2003 war die nun 6,4 Kilometer lange Strecke fertiggestellt, und die ersten Testfahrten erfolgten, am 15. Juli 2004 wurde die Strecke eröffnet. Zum Einsatz kommen neun vierteilige, klimatisierte Bombardier-Züge des Typs M-VI mit insgesamt 72 Sitzplätzen und Stehplätzen für weitere

In der Tat wie auf einem anderen Stern: Las Vegas!

Die Mandalay Bay Tram verbindet auf einer zweigleisig ausgeführten Strecke über 840 Meter die Hotels Excalibur, Luxor und Mandalay Bay Resort and Casino. Die Bahn ist kabelbetrieben und kostet – im Gegensatz zu den längeren Bahnen – keine Beförderungsgebühr.

Das Plakat auf dem Flughafen von Las Vegas spricht für sich …

152 Fahrgäste. Die Monorail erreicht Geschwindigkeiten von bis zu 80 km/h und kann 3200 Fahrgäste pro Stunde in jeder Richtung transportieren. Bis Dezember 2011 benutzten mehr als 50 Mio. Fahrgäste die Las Vegas Monorail.

Mandalay Bay Tram

Die Mandalay Bay Tram in Las Vegas ist ein seilgezogener People Mover, der im Prinzip wie eine Seilbahn auf Führungsschienen funktioniert. Das Shuttle-System verbindet drei große Hotelkomplexe (Mandalay Bay, Luxor und Excalibur) der MGM Mirage Group und entlastet so eine der verkehrsreichsten Kreuzungen (Tropicana Avenue und Las Vegas Boulevard) der Welt. Das People Mover-System besteht aus zwei parallelen aufgeständerten Fahrbahnen, auf denen je ein fünfteiliger Zug verkehrt. Diese beiden Züge für je 160 Fahrgäste werden von stationären Antriebsmaschinen gezogen, die alle wesentlichen Funktionen wie Beschleunigung, konstante Geschwindigkeit und Bremsen ausführen. Auf der einen (je 838 Meter langen) Trasse bedient ein Zug nur die beiden Endpunkte Mandalay Bay Resort Station und Excalibur Welcome Station, während auf der zweiten Trasse auch die beiden Zwischenhalte Luxor Station und Excalibur Station angefahren werden.

Durch das Fehlen von Motoren, Getrieben und Hydraulik konnten die Fahrzeuge entsprechend leicht ausgeführt werden, somit ergab sich ein günstiges und wartungsarmes Beförderungssystem. Die Bauform ermöglichte eine schnelle Montage, und so konnte die außerordentlich knappe Bauzeit in einer Rekordzeit von neun Monaten ab Beauftragung eingehalten werden. Die Mandalay Bay Tram hat seit ihrer Eröffnung im April 1999 bis heute über 250 Mio. Fahrgäste befördert.

People Mover City Center

Am 16. Dezember 2009 wurde das größte privat finanzierte Bauprojekt der USA in Las Vegas eröffnet. Integrierter Bestandteil dieses Projekts der Superlative ist der zweite People Mover nach dem Cable Liner-System, wiederum für die MGM Mirage Group. Der neue Mover verbindet die drei Hotel- und Kasinokomplexe Bellagio, Crystals und Monte Carlo. In einer Höhe von 25 Metern können mit zwei vierteiligen Zügen maximal 3000 Personen pro Stunde befördert werden, wobei die seilgezogenen Fahrzeuge eine Geschwindigkeit von bis zu 38 km/h erreichen. Die Fahrt von Endstation zu Endstation dauert auf der 650 Meter langen Trasse nur zwei Minuten. Die Spannweiten der Trassenelemente betragen bis zu 68 Meter, sind als Stahlfachwerk ausgeführt und gliedern sich gut in die anspruchsvolle Architektur ein.

Mirage–Treasure Island Tram

Das unbekannteste und unscheinbarste System in Las Vegas verbindet als Mirage–Treasure Island Tram diese beide Hotel- und Kasinokomplexe.

Ihre aufgeständerte, rund 300 Meter lange Trasse aus Betonfertigteilen verläuft zwischen Parkhäusern der genannten Hotels und führt über Palmen, subtropische Vegetation und den Treasure Island-Pool. Der seilgezogene, aus zwei Wagen bestehende Zug weist ein eher konservatives Erscheinungsbild aus.
Die Spurführung erfolgt über Gummireifen. Den Fahrgästen stehen lange Bänke und Stehplätze zur Verfügung.
Die Mirage–Treasure Island Tram verkehrt alle fünf bis 15 Minuten, die Fahrt dauert etwa drei Minuten.

Entlang der Del Mar Bluffs bei San Diego, CA, schiebt die F40PH-2C 2101 am 3. Juni 2008 ihren Coaster Nr. 660 nach San Diego.

Die allererste F40PH 1000 der MBTA zieht am 3. September 2009 ihren Nahverkehrszug Nr. 69 (Boston North St.–Beverley) über die im Bild nicht sichtbare Zugbrücke zwischen Salem und Beverley.

Triebwagenzüge der Metro North verkehren bis New Haven, CT, wobei sich diese M3a-Einheit am 3. September 2010 nach getaner Arbeit in die Abstellanlagen des Bahnhofs New Haven begibt.

WEITERE NAHVERKEHRSSYSTEME

Mit dem „Mut zur Lücke" sei hier auf einige weitere besuchenswerte Nahverkehrssysteme hingewiesen:

Coaster

Die S-Bahn zwischen Oceanside und San Diego bietet dem Reisenden atemberaubende Blicke auf die Küstenlandschaft. Vielfach verläuft die Trasse tatsächlich auf dem Strand, fast mitten durch die Badegäste. Bedient werden acht Stationen.
Mehr als 20 Züge fahren an Wochentagen, mit zusätzlichem Service an den Wochenenden. Die Reise dauert etwa eine Stunde. Anschlüsse bestehen unter anderem an den Metrolink nach Los Angeles (in Oceanside), an die Amtrak (in Oceanside, Solana Beach und San Diego) sowie an deb San Diego Trolley.

Metrolink

Los Angeles, die „Stadt des Autos", kannte bis 1992 überhaupt keinen Eisenbahn-Vorortverkehr mehr.
Sämtliche zuvor bestehende Eisenbahnsysteme wurden in den 1950er- und 60er-Jahren konsequent ausgedünnt. Die 3,8-Millionen-Einwohner-Stadt verfügte somit weder über U-Bahnen noch über Straßenbahnen. Das ausgedehnte Straßenbahn- bzw. Stadtbahnnetz war ebenfalls nach und nach eingestellt worden. Ein dürftiger Busverkehr deckte die dringendsten Bedürfnisse jener Bevölkerungsteile ab, die nicht über ein Auto verfügten.

Wie andernorts auch nahm jedoch der Autoverkehr so stark zu, dass sich der Staat Kalifornien, die Stadt Los Angeles und Landkreise im Umland (insgesamt 17 Mio. Einwohner) mit neuen Lösungen auseinandersetzen mussten. Neben dem Dauerstau bereiteten die Abgase durch die Talkessellage mit häufigem auflandigem Wind, der ein Entweichen der schlechten Luft verhinderte, immer größere Probleme.

Neben U-Bahn- und Stadtbahn-Strecken in Los Angeles wurde auch ein mehr als 400 Kilometer langes Vorortbahnnetz konzipiert. So wurde im Jahr 1991 die Southern California Railroad Administration (SCRRA) gegründet. Diese tritt sowohl als Betreiber als auch als Eigner von Schieneninfrastruktur auf.
Ab 1992 wurde mit drei Linien gestartet. Mit dem Betrieb wurde die staatliche Personenverkehrsgesellschaft Amtrak beauftragt, welche neue, in Kanada gebaute Bombardier-BiLevel-Doppelstockwagen und eigenes Personal einsetzte. Wurde am Anfang ausschließlich für Berufsverkehrszwecke, montags bis freitags, gefahren, so umfasst das Netz heute sieben Linien, auf denen die Züge meistens auch am Wochenende verkehren.

Das Netz reicht heute bis in so bekannte Orte wie San Bernardino und Anaheim (Disneyland). Nach einer Ausschreibung im Jahr 2003 übernahm nunmehr die amerikanische Tochter von Veolia Transportation die Betriebsrechte und das Fahrzeugmaterial von der Amtrak. Das Personal stellt jetzt die BNSF.

Im Herbst 2007 wurde eine Lokomotive des Sounder mit spezieller Werbung versehen. Mit dem letzten Pendlerzug aus Seattle steht sie am Sounder Bahnhof von Tacoma, WA, und wartet auf die Rangierfahrt zur Nachtabstellung.

Am 9. September 2011 schiebt die F59PH 866 ihren Metrolink-Zug 216 (Lancaster–Los Angeles Union Station) der Antelope Valley Line gerade in die Station „Downtown Burbank".

Die Frage des Tages: Knabbere ich ein paar Bremsleitungen an, beiße ich den Sheriff oder werfe ich mich vor die nächste Tram …? So gesehen an einer Straßenbahnhaltestelle in Cleveland.

Die Straßenbahn in Salt Lake City stellt am Bahnhof den Anschluss zu den Roadrunner-Zügen her. Wie schon an der Lackierung erkenntlich, gibt es hier einen Betreiber für beide Systeme.

Täglich befördern 38 Dieselloks und 143 Wagen mehr als 45.000 Pendler und Ausflügler. Auf dem Streckennetz von 624 Kilometern verkehren werktäglich 169, samstags 44 und sonntags 32 Züge. Insgesamt werden 55 Haltestellen bedient.

Die sieben Linien sind:

- Ventura County Line: East Ventura–Los Angeles
- Antelope Valley Line: Lancaster–Los Angeles
- San Bernardino Line: San Bernardino–Los Angeles
- Riverside Line: Riverside–Los Angeles
- Orange County Line: Oceanside–Los Angeles
- Inland Empire–Orange County Line: San Bernardino–Oceanside
- 91 Line: Riverside–Fullerton–Los Angeles

MARC

MARC erzielt mit seinem Netz von Baltimore in Maryland (65 Kilometer von der Washingtoner Union Station) bis nach Fredericksburg in Virginia (87 Kilometer) einen Fahrgastrekord nach dem anderen. Der Ausbau wurde vom Staat Virginia finanziert, um den Personenverkehr in der Region zu verbessern.

Tacoma Sounder

Seit September 2000 gibt es den Tacoma Sounder. Der Betreiber ist Amtrak. Die Züge verkehren mehrmals täglich von Seattle über Tacoma nach Lakewood auf der sogenannten Südlinie. Weitere Zwischenhalte gibt es in Puyallup, Sumner, Auburn, Kent und Tukwila. Ab 2003 wurde die Nordlinie zwischen Everett und Seattle mit den Stationen Mukilteo und Edmonds eröffnet. Zielgruppe sind allerdings nur die Berufspendler, also fahren die Züge nur an Werktagen morgens und nachmittags.

Salt Lake City

Die Utah Transit Authority (UTA) wurde am 2. März 1970 gegründet, um ein Netz des öffentlichen Nahverkehrs für Utah zu entwickeln. Das System wurde am 10. August 1970 in Salt Lake County mit 67 Bussen in Betrieb genommen. Danach kaufte die UTA von der Union Pacific 280 Kilometer Trasse und begann, für 550 Mio. US-Dollar die ersten 70 Kilometer nach Pleasant View auszubauen. Heute betreibt UTA eine Flotte von mehr als 600 Bussen, 146 Stadtbahnwagen, 63 S-Bahn-Waggons und 18 Lokomotiven auf einer Fläche von 1600 Quadratmeilen, von Brigham City bis Payson. Es ist gelungen, ein Netz aus S-Bahn („Front Runner"), Straßen- bzw. Stadtbahnlinien und Bussen zu schaffen, das außerhalb der ganz großen Zentren in den USA seinesgleichen sucht. 2015 kommen 69 Kilometer Strecke nach Provo hinzu. Bis dahin sollen auch die neuesten Trassen der insgesamt 48 Kilometer langen Straßenbahnstrecken fertig sein.

Die Straßenbahn in Denver, ein weiteres Erfolgsprojekt des schienengebundenen Nahverkehrs in den USA. Das Netz wächst und wächst …

Denver

Eine weitere Erfolgsgeschichte ist das Stadtbahnnetz in Denver. Es hat aktuell eine Streckenlänge von 56 Kilometern und 36 Stationen und wird vom Regional Transportation District (RTD) unter dem Namen „The Ride“ betrieben. Die Eröffnung des Systems erfolgte am 7. Oktober 1994, seitdem wurde das Streckennetz mehrfach erweitert. Aktuell sollen fünf weitere Neubaustrecken, unter anderem zum internationalen Flughafen, realisiert werden. Die erste, 8,5 Kilometer lange Strecke mit 14 Stationen wurde am 7. Oktober 1994 zwischen den Haltestellen 30th & Downing und I-25 & Broadway eröffnet. Dabei verläuft die Strecke zwischen 30th & Downing und Colfax at Auraria durch die Straßen der Innenstadt von Denver.
Derzeit bestehen fünf Linien:
C: Union Station–Littleton-Mineral
D: 30th & Downing–Littleton-Mineral
E: Union Station–Lincoln
F: 18th & California–Lincoln
H: 18th & California–Nine Mile

Insgesamt verfügt RTD über 125 Fahrzeuge von Siemens, davon 49 vom Typ SD-100 und 76 vom Typ SD-160. 47 weitere Fahrzeuge vom Typ SD-160 sind bestellt. Dabei handelt es sich um Zweirichtungsfahrzeuge aus zwei Wagenkästen, die mit einem Drehgelenk verbunden sind. Ein Zug hat 64 Sitzplätze und 121 Stehplätze, die maximale Reisegeschwindigkeit beträgt immerhin 88 km/h.

KANADA

Die Anzahl der Städte in Kanada mit einem schienengebundenen Nahverkehr ist sehr übersichtlich. Einzig Toronto bietet ein Nahverkehrssystem, das im Großstadtformat aufgestellt ist. Daneben gibt es Straßenbahnen in Calgary und Edmonton, den SkyTrain in Vancouver und einige S-Bahnlinien in Montréal. Die Metropole und Toronto verfügen mit U-Bahnen noch über ein weiteres ÖPNV-System auf Schienen.

Straßenbahn Toronto

Die Straßenbahn Toronto umfasst elf Straßenbahnlinien, betrieben von der städtischen Verkehrsgesellschaft Toronto Transit Commission (TTC). Das 75 Kilometer lange Streckennetz verläuft zum größten Teil im Stadtzentrum und entlang dem Ufer des Ontariosees. Es ist das größte Straßenbahnnetz dieses Kontinents. Begonnen hat die Geschichte der Straßenbahn im Jahr 1861, als eine Pferdebahn eröffnet wurde.
Von 1892 bis 1894 erfolgte die Elektrifizierung, 1921 übernahm die TTC den Betrieb. Vier Haltestellen liegen unterirdisch, drei davon sind in U-Bahnhöfe der Toronto Subway integriert.
Die Straßenbahn Toronto ist weltweit die einzige mit einer Spurweite von 1495 mm.

GO Transit

GO Transit befördert jährlich etwa 55 Mio. Fahrgäste. Aufgrund des sternförmig verlaufenden Streckennetzes enden oder beginnen 96 Prozent aller Zugfahrten in der Union Station. Neben Toronto werden die Städte Hamilton, Halton, Peel, York und Durham bedient. Abgedeckt wird eine Fläche von 8000 Quadratkilometern mit einem Radius von mehr als 100 Kilometern rund um Downtown Toronto. Auf dem 390 Kilometer langen Netz werden meist diesellokgeführte Doppelstockzüge eingesetzt. Mit den insgesamt 40 Zügen werden 59 Haltestellen auf sieben Linien bedient. Zum Rollmaterial gehören 53 teils dieselelektrische Lokomotiven von Electro-Motive Diesel (F59PH II, III und IV) und seit 2007 von MPI (MP40PH-3C). Die seit 1978 eingeführten 470 Doppelstockwagen stammen größtenteils von Bombardier Transportation (Bombardier BiLevel-Doppelstockwagen).

Das Nahverkehrsnetz in Toronto mit Bussen, Straßenbahnen und den zahlreichen Go Transit-Zügen oder -Bussen gehört zu den best ausgebauten in Nordamerika.

Oben In Vancouver gibt es nur eine kurze Museumsstraßenbahnlinie. Den eigentlichen Nahverkehr erschließt der moderne Sky Train.

Rechts Wenige hundert Meter westlich des Hauptbahnhofs Toronto bieten mehrere Straßenbrücken gute Fotomöglichkeiten mit Blick auf die Strecken und den Fernsehturm. Allerdings fahren die S-Bahnzüge der Go-Transit hier immer Steuerwagen voraus.

In Chama wartet die Lok 783 der C&TSRR auf ihre weitere Aufarbeitung.

DIE MUSEUMSBAHNEN

Tradition und Kinderbespaßung

Museumsbahnen in Nordamerika haben mehr oder weniger deutlich einen anderen Charakter als die vergleichbaren Bahnen zum Beispiel in Deutschland oder England. Der Tourismus und das Erlebnis für die ganze Familie, vor allem für die Kinder, stehen im Vordergrund.

Einige sehenswerte Museen seien ebenfalls erwähnt – wie Sacramento oder Steam Town in Scranton, Pennsylvania. Leider nur wenige Bahnen bringen ihre (meist großen) Dampfloks auch für Sonderfahrten auf normale Strecken.
Hinzu kommen die wenigen noch betriebsfähig vorhandenen Loks von Gesellschaften wie der UP (aktuell die 844).

Höchst interessant ist der im Mai 2014 in Cheyenne gestartete Versuch der UP, einen „Big Boy" wieder betriebsfähig aufzubauen, der im Erfolgsfall Langstreckeneinsätze durch die gesamte Republik bringen könnte.

CUMBRES & TOLTEC SCENIC RAILROAD

Die Denver & Rio Grande Western Railroad schuf ab 1870 ein umfangreiches schmalspuriges (914 mm) Eisenbahnnetz. Es durchzog die Berge Colorados mit Verlängerungen nach Utah und New Mexico.

Ab 1881 entstanden auch Normalspurstrecken. Später wurde ein Teil der Schmalspurlinien auf Normalspur umgebaut. 1942 wurde mit der Strecke Antonito–Santa Fe das erste längere Teilstück stillgelegt. Umspurungen und Stilllegungen zogen sich bis in die 1960er-Jahre hin. Zwei Abschnitte blieben bis heute als Museumsbahnen erhalten: Cumbres & Toltec Scenic Railroad und Durango & Silverton. Das Normalspurnetz ist heute Teil der Union Pacific.
Die 1880 eröffnete Strecke Antonito–Chama verläuft entlang der Grenze zwischen den Staaten Colorado und New Mexico.

Der Lokführer der C&TRR wartet auf das Abfahrsignal.

Links Der Weichensteller der C&RTRR mit einer sehenswerten Haarpracht

Der letzte Planzug verkehrte im Dezember 1968. 1970 wurde der Abschnitt an die beiden Staaten verkauft, welche die Strecke Cumbres & Toltec Scenic Railroad nannten.
Die Betriebsführung vergab man nacheinander an verschiedene Betreiber, 1971 bis 1981 an die Scenic Railways Inc. und 1981 bis 1996 an die Kyle Railways. Kyle betrieb verschiedene Museumsbahnen, aber auch andere Nebenbahnen. 1997 beschloss man, das Eisenbahngeschäft aufzugeben. Die wichtigeren Strecken wurden an States Rail abgegeben, die wenige Monate zuvor von Rail America aufgekauft worden war.

Die Cumbres & Toltec Scenic wurde 1997 bis 1999 von einem neuen Betreiber bedient, der mit der Cape Cod Railroad in Massachusetts verbunden war. Wegen Nichterfüllung der Vertragsbedingungen wurde der Vertrag gekündigt. Die Staaten suchten nach einer neuen Betriebsgesellschaft. Die harten Vertragsbedingungen lockten jedoch nur einen Interessenten an. Dies war ein Verein von Eisenbahnfreunden, der Anfang 2000 die Rio Grande Railway Preservation Corporation gründete.
Die Saison 2000 konnte mit drei betriebsfähigen Loks durchgeführt werden, auch 2001 wurde der Betrieb aufrechterhalten. Zuletzt traten Schwierigkeiten bei der dringenden Sanierung der Gleisanlagen auf, da die Politiker der beteiligten Staaten viel Zeit für die notwendigen Entscheidungen benötigten. Nachdem es anfänglich für die Saison 2002 gut aussah, machten die verheerenden Waldbrände einen Strich durch die Rechnung. Zeitweise drohte die Einstellung, an etlichen Tagen mussten die Züge gestrichen werden. Seither schleppt sich der Betrieb hin, eine endgültige Wende zum Besseren lässt noch auf sich warten. Immerhin konnte in den vergangenen Jahren der Betrieb während der Saison jeweils gesichert werden.

Die Strecke beginnt am ehemaligen Knotenpunkt in Chama. Sie verläuft mit starken Steigungen, die bei langen Zügen das

Noch eine Straßenkreuzung und eine Haarnadelkurve mit der letzten Steigung, dann ist der Pass-Bahnhof am Cumbres Pass erreicht.

489

Der Winterdienst der Durango&Silverton RR verkehrt nur bis Cascade, aber auch diese täglichen Züge sind die Reise wert.

Vorspannen einer weiteren Lokomotive erfordern, bis zum Cumbres Pass auf 3053 Metern Höhe. Hinter der Station in Osier fällt sie leicht auf die Hochebene von Colorado ab.

Die Strecke mäandriert stark und überschreitet hinter Osier elf Mal die Grenze der Bundesstaaten New Mexico und Colorado, ehe sie schließlich den Endpunkt Antonito erreicht.
Die Strecke überquert insgesamt auf drei großen Stahlbrücken kleinere Flussläufe, sie besitzt viele kleinere Holzbrücken und zwei Tunnel.

DURANGO–SILVERTON

Auch die 72 Kilometer lange Strecke Durango–Silverton war Teil des schmalspurigen (914 mm) Eisenbahnnetzes der Denver & Rio Grande Western Railroad. Allerdings liegt dieser Abschnitt in einer völlig anderen landschaftlichen Region. Die tiefe Schlucht des Animas River prägt den größten Teil der Streckenführung. 30 Kilometer hinter Durango wird in Richtung Norden in Rockwood die offene Hochebene verlassen, und der Abstieg in das enge, schluchtartige Tal des Animas beginnt. Diese Stelle hatte

Kurz vor Rockwood ist dieses Motiv der Durango–Silverton RR auf Waldwegen legal erreichbar. Gerade bei der D&SRR sollte das Verlassen der zulässigen Wege oder gar das Betreten der Gleisanlagen unbedingt unterlassen werden. Festnahmen sind hier nicht ungewöhnlich.

die Bahn 1881 erreicht. Die massive Granitbarriere ließ kaum Platz für die Gleise. Meter um Meter fraßen sich die Streckenbauer durch den Fels. Teilweise musste über Meilen hinweg ein Sims in die Wand gesprengt werden, um voranzukommen. Dieser Abschnitt, heute als „Highline" bekannt, ist der spektakulärste Abschnitt der Bahn und gehört wahrscheinlich zu den sehenswertesten Streckenkilometern weltweit.
Schwindelfrei sollten die Mitreisenden schon sein, balanciert der Zug doch zeitweise mit minimalem Abstand direkt an dem 100 Meter tiefen Abgrund ...

Schon im ersten Jahr nach Baubeginn war Silverton, der heutige Endpunkt, erreicht. In den ersten Jahrzehnten der Bahn führten von hier aus drei Strecken mit noch geringerer Spurweite weiter in die Berge zu den jeweiligen Minen.

Doch der wirtschaftlich bedingte Niedergang der Minenstädte in den Rocky Mountains folgte bereits wenige Jahre nach Fertigstellung der Bahnen. Besonders hart getroffen waren die Schmalspurstrecken, während sich die normalspurigen Linien noch über Wasser halten konnten. Sehr früh, unmittelbar nach

Die großen wie die kleinen Fahrgäste der Cass Scenic RR sind vor allem von der schwer arbeitenden Dampflok bei der Bergfahrt begeistert.

Ganz links: Detail des Antriebs

dem Zweiten Weltkrieg, setzte aber auch hier ein Streckensterben ein. Die Verbindung zwischen Chama und Durango wurde schließlich 1967 aufgegeben.
Durango–Silverton hatte dabei am wenigsten Probleme, gab es doch schon sehr früh durch die friedlichen Indianer in der Nachbarschaft, die Nähe zum frisch entdeckten Mesa Verde sowie die bereits beschriebene großartige Landschaft einen Eisenbahntourismus, wie er sich erst etliche Jahrzehnte später in Europa entwickelte. Dabei stand auch durchaus die Stilllegung dieses Abschnittes zur Debatte. An einem Gegenargument kamen die Stilllegungsbefürworter allerdings nicht vorbei: Die Strecke schrieb kontinuierlich schwarze Zahlen. Dennoch entschied sich der Eigner, die Denver & Rio Grande Railway, 1979 zum Verkauf. Nach zwei Jahren harter Verhandlung erfüllte sich der Käufer Charles E. Bradshaw, ein Millionär aus Florida, einen Kindheitstraum. Entgegen aller Befürchtungen begann damit ein nachhaltiger, bis heute andauernder Aufschwung der Bahn.

Weitere passende Schlepptender-Lokomotiven mit der Achsfolge 1´D1´ wurden zugekauft und wieder aufgearbeitet. Ebenso wurde das historische Wagenmaterial wieder weitgehend in den Originalzustand versetzt, aber mit heutigem zeitgemäßem Komfort versehen. Zudem wurden weitere dazu passende Waggons gebaut. Die Züge verkehren heute ganzjährig, wobei im Winter ein stark eingeschränkter Betrieb bis Cascade aufrechterhalten wird. Von Frühjahr bis Herbst verkehren die Züge bis Silverton, zur Hauptsaison können schon mal bis zu fünf Züge, teilweise in Doppeltraktion, auf der Strecke sein.

CASS SCENIC RAILROAD

Die Appalachen, das Gebirge im Osten der USA, bieten viele interessante Bahnstrecken und Museumsbahnen.
Eine der sehenswertesten ist dabei die Cass SRR in West Virginia – eine ehemalige Forstbahn mit einer beeindruckenden Sammlung von teilweise noch und wieder betriebsfähigen Shay- und Heisler-Lokomotiven. 1911 gab es allein in West Virginia mehr als 4800 Kilometer Waldbahnen. Übrig geblieben sind 17 Kilometer. Sie wurden wieder in den Zustand um die vorletzte Jahrhundertwende versetzt, um zu zeigen, wie der Waldbahnbetrieb damals wirklich war.

Das Städtchen Cass wurde 1901 durch die „West Virginia Pulp and Paper Company" als Wohnsiedlung für die Arbeiter in den Wäldern der Region und der zugehörigen Sägemühle, damals die größte holzverarbeitende Fabrik der Welt, gegründet. Ebenfalls 1901 wurde mit dem Bau einer Bahnstrecke in die Back Allegheny Mountains begonnen.
Im mittleren Teil liegt die Whittaker Station. Nach Überquerung des nächsten Höhenzuges, des Gobblers Knob, wurde in einem Seitental namens Spruce ein Versorgungslager mit Geschäften, Ärzten und festen Häusern errichtet.
In dieser Höhenlage wuchsen die begehrten Red Spruce-Bäume, die für die Papierherstellung besonders gut geeignet waren. Schließlich wurde die Strecke bis auf den höchsten Berg der Region, den Bald Knob, verlängert, der Gipfel wurde 1910 erreicht. Nach Einstellung des Netzbetriebes 1960 wurden die Strecke,

Wasserfassen bei der Cass: Vor wenigen Jahren drohte der gesamte Betrieb zu scheitern, als der baufällige Wasserturm final kollabierte. Zum Glück gelang es, ihn zügig und nahezu originalgetreu wieder aufzubauen.

Rollmaterial inklusive Loks, und die Ländereien an Don Mower Lumber Company verkauft. Eine Gruppe lokaler Geschäftsleute um den Eisenbahnfan Russell Baum nutzte die Rechtslage des Staates West Virginia, um den Ausverkauf zu stoppen und einen sogenannten State Park zu gründen.
Bereits 1963 verkehrte bereits wieder der erste Zug, dieses Mal mit Touristen statt mit Holz, bis zur Station Whittaker, fünf Meilen bergauf.

Lokomotiven

Die Cass verfügt über das reichhaltigste Angebot betriebsfähiger Sonderbauart-Lokomotiven für Waldbahnen in den USA. Praktisch alle nennenswerten Varianten der verschiedenen Loktypen früherer Holzbahnen sind vorhanden, fast alle noch oder wieder in betriebsbereitem Zustand. Die Spurweite beträgt 1435 mm, ist also Normalspur. Neben der Bauart Shay sind Loks der Bauarten Heisler und Climax vorhanden. Besonderheit aller Varianten ist, dass jede Achse einzeln angetrieben wird, was ihre Zugkraft auf steilen Strecken gewaltig erhöht.

Die typischen Baureihen

SHAY: Shay Nr. 2 ist ein Beispiel für eine Pacific Coast-Shay, diese Bauart wurde als einzige westlich des Mississippi verwendet.
Sie zeichnet sich aus durch eine große Feuerbüchse und einen Führerstand aus Stahl. Die Lok mit der Bezeichnung Big 6 (es gibt auch noch eine kleine Nr. 6) ist die letzte Shay, die gebaut wurde. Gleichzeitig ist sie mit immerhin 162 Tonnen die größte je gebaute und logischerweise auch heute die größte, die noch in Betrieb ist. Mit der Shay Nr. 5 befindet sich hier auch noch die zweitälteste betriebsfähige Lok dieser Bauart.
HEISLER: Die Heisler-Lok, eine der größeren und modernen Vertreterinnen ihrer Bauart, ist derzeit die einzige betriebsfähige Lok, die keine Shay ist. Die Lok, Baujahr 1929, ursprünglich für die Bostonia Coal and Clay Products Company of New Bethlehem, Pennsylvania, gebaut und später bei der Meadow River RR im Einsatz, wurde 2003 neu aufgebaut.
CLIMAX: Die Climax-Lok ist aktuell (2014) in Reparatur, eher sollte man aber von einem Neuaufbau sprechen. Dafür hat man einen realistischen Zeitrahmen bis 2015 gesetzt.

Aktueller Betrieb

Die Besucher werden während der Monate Mai bis Oktober fast täglich um 12 Uhr auf den Bald Knob gefahren. Mehrfach pro Woche verkehrt zusätzlich ein Zug zur Zwischenstation Whittaker. Abfahrt in Cass ist meist um 11 Uhr und um 14 Uhr, sodass an diesen Tagen zwei Loks mit bis zu drei Zugpaaren auf der Strecke sind, die sich unterhalb von Whittaker kreuzen.
Montags ist Ruhetag. Die Reisenden werden in provisorisch umgebauten ehemaligen Holzwaggons befördert. Die Züge werden bergauf geschoben, die Loks sind also immer an der Talseite. Im „Steuerwagen", also auf der Plattform des ersten Waggons, die mit Plexiglas etwas gegen die Witterung abgeschirmt ist, sitzt ein Zugführer, der die Pfeife bedient und mit dem Lokführer kommuniziert. Ein ähnliches System verwendet übrigens die indische Nilgiri-Bahn.

Bei den Ausfahrten aus dem Bahnhof Cass zeigen die Loks, was sie können: rußen wie die Weltmeister. Den Fotografen freut es, und die weite Natur West Virginias wird auch diese Menge Ruß verkraften.

Die reguläre Bespannung der Grand Canyon Railway hat ebenfalls ihren „historischen" Reiz. Die Dieselloks 6773, 6793, 6776 sowie die B-Units 6871 und 6860, alles Loks der Baureihe FPA-4, wurden im Jahr 1959 von ALCO (American Locomotive Company) gebaut.

Die Osterfeiertage 2014 sahen ausnahmsweise mal wieder eine Ausfahrt mit Dampflok der Grand Canyon Railway.

GRAND CANYON RAILWAY

Bereits im Jahr 1901 wurde eine Stichbahn von der Ost-West-Strecke in Williams direkt am Rand des Grand Canyon eröffnet. Jahrzehntelang gab es durchgehende Schlafwagen aus den großen Zentren im Osten und Westen. Mit dem Niedergang der Fernverbindungen durch die Auto- und Flugzeug-Konkurrenz wurden diese Verkehre 1968 eingestellt.
Erst durch die Renaissance der Museumsbahnen und Sonderzüge stieg wieder die Nachfrage, wobei jetzt nur die Verbindung zwischen dem Hotelstädtchen Williams und dem Grand Canyon bedient wird. Der Amtrak-Anschluss in Williams spielt dabei nur eine sehr untergeordnete Rolle. 1990 wurde der regelmäßige Betrieb wieder aufgenommen, mit stetig steigender Tendenz. Waren in den ersten Jahren nur vier bis fünf Waggons erforderlich, so sind es heute Züge mit zwölf bis 15 Wagen.
Die eingesetzten Waggons sind überwiegend restaurierte Pullmans von 1920. Nach anfänglichem Dampflokeinsatz fahren heute meistens restaurierte Dieselloks, Dampfloks kommen nur noch in Ausnahmefällen zum Einsatz. Die Abfahrt in Williams ist recht früh am Morgen, sodass einige Stunden Aufenthalt am Südrand des Grand Canyon gewährleistet sind. Etwa um 18 Uhr ist der Zug wieder in Williams. Die Strecke selbst ist recht unspektakulär. Auf den ersten Meilen durchquert sie die Wälder, um dann den Rest – weitab von der Straße – durch eine unwirtliche Halbwüste zu verlaufen. Die Bahn sieht ganzjährigen

Das Roaring Camp in Felton ist eine sehenswerte Museumsbahn, wenn auch die eingesetzte Dampflok etwas arg „aufgebrezelt“ wirkt!

Betrieb, teilweise sogar mit zwei bis drei Zugpaaren pro Tag. Besuchern des Grand Canyon sei geraten, zusätzlich zu der empfehlenswerten Bahnreise einen weiteren Tag an der Schlucht zu verbringen, da die Lichtverhältnisse zum Fotografieren am frühen Morgen und späten Abend um Klassen deutlich besser sind als in der Mittagszeit.

WEITERE MUSEUMSBAHNEN

Es gibt eine Vielzahl weiterer Museumsbahnen in den USA und in Kanada, daher sollen hier nur einige wenige exemplarische Beispiele vorgestellt werden, mehr würde den Rahmen des Buches sprengen. Auch hier sei auf die laufende Berichterstattung in den Fachzeitschriften und auf den USA-Reiseführer „USA mit dem Zug erleben“ des GeraMond-Verlages hingewiesen. Die nachfolgenden Nennungen sollen Beispiele für die Vielfalt zeigen und erheben keinesfalls einen Anspruch auf Vollständigkeit.

Roaring Camp & Big Trees Narrow Gauge Railroad, Felton (Kalifornien)

Etwa eine halbe Meile südlich von Felton liegt Roaring Camp mit seinen historischen Gebäuden und der zehn Kilometer langen 915-mm-Schmalspurbahn in die Redwoods. Züge mit (bunten) Shay- und Heisler-Lokomotiven fahren täglich außer an Weihnachten, von Juni bis Oktober werden an Samstagabenden sogenannte Moonlight Steam Train Parties veranstaltet. Die „Auftakelung“ der Lok und die Wagen sind wenig authentisch.

Die X1744 der Rio Grande Scenic Railroad bei Occidental, September 2007

Railtown 1897, Jamestown (Kalifornien)
Etwa zwei Stunden abseits der San Francisco Bay liegt das Mother Lode County mit der auf den Strecken der Sierra Railroad verkehrenden Museumsbahn von Jamestown nach Chinese. An Wochenenden von Ende März bis Oktober verkehren vier bis fünf Zugpaare auf der 6,4 Kilometer langen Normalspurstrecke Sonora, vereinzelt fahren auch Züge nach Keystone.

Yosemite Mountain–Sugar Pine Railroad, Fish Camp (Kalifornien)
Bei Fish Camp am Highway 41, etwa sechs Kilometer südlich des Yosemite Nationalpark, wurde ein vier Meilen langer Rundkurs der Madera Sugar Pine Co. Railroad als 914-mm-Schmalspur-Museumsstrecke reaktiviert. Von Juni bis Ende Oktober dampfen zwei bis vier Züge durch die Berge der Sierra Nevada. Die Dieseltriebwagen fahren bereits ab Mitte April.

Rio Grande Scenic Railroad (Colorado)
In der Region der C&TRR und der D&SRR gibt es mittlerweile eine weitere sehenswerte, normalspurige Museumsbahn:
Eine Privatgesellschaft mit dem Namen Rio Grande Scenic Railroad betreibt Touristenzüge auf der knapp 100 Kilometer langen Normalspurstrecke von Alamosa über den spektakulären La Veta-Pass, wochentags verkehrt eine Diesellok, an Wochenenden kommt gelegentlich die 1'C1'-Dampflok 1744 zum Einsatz. Auf insgesamt drei Strecken werden Fahrten angeboten: Jeweils von Alamosa aus verkehren Züge nach Antonito (Anschluss an die Cumbres & Toltec Scenic Railroad), nach

Heute röhren nur noch die Museumszüge der Royal Gorge Route Railroad mit ihren F7-Units durch die „Königliche Schlucht". Der recht kurze Sonderzug kam in der Vorosterwoche 2014 nicht an die Leistung der mehrfach bespannten Kohlezüge der SP heran.

La Veta und nach Monte Vista. Der Betrieb beginnt Ende Mai und läuft bis Oktober.

Georgetown Loop (Colorado)

Die Georgetown Loop Railroad wurde 1884 fertiggestellt. Die beiden Minenstädtchen Georgetown und Silver Plume liegen nur zwei Meilen voneinander getrennt in einer tiefen Schlucht, allerdings liegen etliche Höhenmeter zwischen ihnen. Um die 200 Höhenmeter zu überwinden, schufen die Pioniere eine Spirale, die allerdings die Streckenlänge mehr als verdoppelte. Dennoch blieb eine Steigung von mehr als vier Prozent, eine große („Devil's Gate High Bridge") und mehrere kleine Brücken sowie „Horseshoe Curves" mussten gebaut werden.

Die Colorado & Southern Railway betrieb die Strecke zunächst im Reiseverkehr, ab 1899 nur noch im Güterverkehr. 1938 wurde der Betrieb eingestellt. 1973 begann das „zweite Leben" mit dem Wiederaufbau durch die Colorado Historical Society. Größte Leistung war die Rekonstruktion der High Bridge im Jahr 1984, gerade rechtzeitig, um den 100. Geburtstag angemessen zu feiern. Wenige Kilometer entfernt vom Georgetown Loop befindet sich in Golden, in den Außenbezirken von Denver, ein sehenswertes Museum.

Royal Gorge Route Railroad (Colorado)

Die ehemalige Denver&Rio Grande Western-Strecke durch die Royal Gorge bei Canyon City im Staat Colorado ist Teil der Southern Pacific-Strecke durch das Arkansas Valley und über den Tennessee Pass. Etliche Jahre war sie vom Eigentümer (UP) als Reserve für den Fall von Störungen auf deren Hauptstrecke (Sherman Hill) instand gehalten worden, mittlerweile überwuchert sie und wird wohl nicht mehr in Betrieb gehen.
Schon länger gab es hier eine Art Vergnügungspark, der unter anderem eine schmale Brücke über die engste Stelle der hier nur wenige Dutzend Meter breiten Schlucht sowie einen Aufzug hinab zum Grund bot. Nach der weitgehenden Stilllegung pachtete eine Museumsbahn die Strecke von hier bis Canon City und bietet Museumsbahnfahrten an.
Der mit einer F7 beförderte Sonderzug aus ex-VIA-Waggons kann selbst mit dem berüchtigten F7-Sound nicht an die

Auch die Union Pacific mischt im Museumsbetrieb nach wie vor mit, aktuell mit der 844, ein Big Boy ist in Aufarbeitung. UP 844 im November 2010 in North Platte.

Geräuschorgien heranreichen, wenn kilometerlange Güterzüge mit Mehrfachtraktion auf der Klaviatur der Felswände wahrhafte Konzerte aufführten. Der Zug verkehrt ab Mitte März an den Wochenenden.

Black Hills Central Railroad (South Dakota)

Die Black Hills haben ihre über die USA hinausgehende Bekanntheit den in den Berg gemeiselten Köpfen der Präsidenten am Mount Rushmore zu verdanken. Die eindrucksvollen, etliche Meter hohen Abbildungen sind zu einem Standardziel des US-amerikanischen „Otto Normalverbrauchers" geworden, der Besuch ähnelt einer Pilgerfahrt. Die Museumsbahn in den Blackhills gibt es seit etlichen Jahren.
Abgelegen von den gängigen Eisenbahnfan-Trampelpfaden, führte sie lange ein Dornröschen-Dasein. Die Mitglieder haben eine 1928er Baldwin 2-6-6-2 T-Mallet „ausgegraben" und im Mai 1999 mit der betriebsfähigen Aufarbeitung begonnen.
Die Maschine war rekordverdächtige 50 Jahre abgestellt, die Restaurierung kam einem Neuaufbau gleich.

Die Züge starten jeweils in Hill City, die Rückfahrt findet nach Umsetzen der Maschine (sie läuft dann Tender voraus) statt.

„Daylight", SP 4449 war im Oktober 2012 auf einer Zweitagestour entlang des Columbia Rivers und später durch den Canyon des unzugänglichen Deschutes Rivers hinauf auf die Hochebene von Bend im östlichen Oregon. Der Zug verkehrte unter Regie von Amtrak und führte deshalb eine GE P42DC zur Stromversorgung mit, hier kurz vor Wishram/WA.

Die Lokomotiven 91 + 97 + 90 der White Pass & Yukon Railroad kommen auf der Spurweite von 914 mm mit dem Zug 24 nach Skagway in White Pass an. White Pass & Yukon Railroad betreibt heute auf der 179 Kilometer langen Schmalspurbahn von Skagway nach Whitehorse in den Sommermonaten eine Museums- und Touristenbahn, die vor allem Schiffsreisende „bedient" und ihnen einen Ausflug in die herrliche Gebirgslandschaft der Küstenregion ermöglicht.

Links Die Durbin & Greenbrier Valley Railroad erhält viele Strecken rund um die Kleinstadt Elkins in West Virginia als Tourismusbahnen aufrecht. Einst war Elkins ein bedeutender Bergbauort und deshalb großer Eisenbahnknoten. Heute ist von dem alten Glanz nur noch wenig zu spüren, aber man hat es – im Gegensatz zu anderen Orten – wenigstens geschafft, einen Teil der Bahnen zu erhalten und neu zu nutzen. Die seltene EMD Lok der Klasse BL2 hat am Abend des 15. September 2007 einen Dinner Train zurück nach Elkins gebracht, und das Personal posiert noch einmal vor der Lok.

Mitte Ein Museumszug auf den ehemaligen Kohlestrecken in West Virginia ist der Cheat Mountain Explorer. Hier hat der WVC M-3 (Neubau im Retro Style) den einsamen Endpunkt Chet Bridge, WV, erreicht und wird mit nur wenigen Fahrgästen am 15. September 2007 nach Elkins, WV, zurückkehren.

Es gibt drei weitere Dampfloks und eine Diesellok. Das Depot befindet sich in Hill City am US Highway 395, 40 Kilometer südlich von Rapid City. Die Strecke ist mittlerweile vom übrigen Netz abgeschnitten, die ehemaligen Verbindungstrassen dienen bestenfalls noch als Radwege.

Die gesamte Strecke ist mit ihrer felsigen, hügeligen Mittelgebirgslandschaft äußerst sehenswert und fotogen. Die Präsidenten-Steinköpfe lassen sich übrigens mit Zug nicht verewigen, diese liegen auf der Rückseite des von der Strecke aus sichtbaren Mount Rushmore.

Strasburg Railroad (Virginia)

Die „Bahn zum Paradies", wie sich diese Museumsbahn selbst nennt, liegt inmitten des Amish Country in Pennsylvania. Hier ist nicht wie oft andernorts die Strecke der Anziehungspunkt. Eine umfangreiche Fahrzeugsammlung und der damit mögliche und an den Wochenenden auch praktizierte umfangreiche Betrieb mit mindestens zwei Zügen gleichzeitig auf der Strecke sind der Reiz.

Bis zu zehn Züge sind an guten Tagen unterwegs. Der eigentliche Betrieb läuft von April bis Ende Oktober, im Rest des Jahres sieht man an den meisten Tagen immerhin noch Triebwagenfahrten. Von Januar bis Februar gibt es eine Ruhepause, abgesehen von Wochenend- und Bedarfsfahrten. Eine Reihe von Spezialveranstaltungen rundet das Betriebsgeschehen ab.

Ohne die vielen Freiwilligen, oft Eisenbahner im Ruhestand, würden wohl nur die wenigsten Museumsbahnen auch nur einen Meter weit rollen …

Im kalifornischen Weinanbaugebiet Napa Valley ist der täglich verkehrende Wine Train eine feste Größe für die Touristen. Den mittäglichen Lunch Train ziehen am 25. August 2011 die beiden FPA-4 72 und 70 (ex VIA Rail/CN 6787 und 6760) zurück nach Napa.

Mit der hohen Zugdichte im Sommer wird eine Bahnatmosphäre geschaffen, wie sie sonst nur von wenigen vergleichbaren Bahnen bekannt ist. Die zahlreichen Kutschen der – moderne Techniken ablehnenden – Amish People tun ein Übriges, um das Nostalgiegefühl zu fördern.

Das dortige Museum bietet weitere Schätzchen aus den vergangenen Jahrzehnten. Die Bahn selbst ist die älteste Nebenstrecke der USA, sie wurde immerhin bereits 1832 in Betrieb genommen. Seit 1959 gibt es Sonderzüge auf der sieben Kilometer langen Zweigstrecke von Strasburg nach Paradise.

Mount Washington Cog Railway (New Hampshire)

Die lange Jahre mit Zahnraddampfloks betriebene Mount Washington Cog Railway hat mittlerweile viel von ihrer Anziehungskraft eingebüßt. Seit der Saison 2010 wird der Betrieb weitgehend mit den vier neugebauten Dieselloks abgewickelt. Lediglich der 8:15- bzw. 9:15-Uhr-Zug (je nach Saison) ist noch mit planmäßiger Dampfbespannung zu erleben. Der Mount Washington ist auch über eine gut ausgebaute Straße zu deutlich geringeren Kosten erreichbar, eine Fahrt lohnt sich wegen der Aussicht auf jeden Fall.

Oben links Lok 73 der White Pass & Yukon Route Railroad in Alaska

Mitte Mit dem letzten Zug des Tages rumpelt am 29. August 2009 die EBT 15 der schmalspurigen East Broad Top-Museumsbahn über die ersten Weichen des Gleisdreiecks am Bahnhof Orbisonia. 2012 und 2013 fand hier allerdings kein Betrieb statt, die Zukunft ist ungewiss.

Oben rechts Bei der Lok 142 handelt es sich in Wirklichkeit um eine Neubaudampflokomotive aus China! 1989 wurde sie in den TangShan Locomotive Works für die New York&Susquehanna Western RR gebaut und verkehrt nun als „Amerikanerin" auf der Museumsstrecke der Delaware River Railroad in New Jersey. Hier zu sehen am 6. November 2011 mit einem Sonderzug nahe Phillipsburg, NJ.

Die Standseilbahn in Chattanooga auf den Lookout Mountain hat bereits etliche Jährchen auf dem Buckel, ist aber bestens in Schuss.

Dampfbespannt fuhr in der Saison 2010 bei der Mt. Washington Cog Railway nur der 9-Uhr-Zug, der erste Zug des Tages. In der Regel war dieser mit der Nr. 9 „Waumbek" (Baujahr 1908) bespannt, hier kurz nach Verlassen der Marshfield Base Station am 29. August 2010.

610

Links oben Galloping Geese: Goose 5 rollt entlang des Animas River nach Durango mit der jährlichen Fotofahrt auf der Durango&Silverton RR.

Links unten Der Chattanooga Choo Choo hat seinen Osterausflug beendet und erreicht wieder das namensgebende Städtchen.

Oben Bei der Maine Eastern hat die FL9 488 ein neues Zuhause gefunden. Die Maine Eastern betreibt in der Sommersaison Touristenzüge zwischen Brunswick und Rockland. Die Maschine wurde 1957 bei der New Haven als 2016 in Dienst gestellt, trug dann bei der Penn Central die Nr. 5016 und kam dann noch bei Amtrak zunächst als 239, dann als 488 zu Ehren. Am 27. August 2010 konnte sie bei der Einfahrt in den Bahnhof Brunswick abgelichtet werden.

Mitte Die Satteltanklok „17" der Mount Rainier Scenic Railroad ist zwar keine ausgesprochene Schönheit, produziert aber einen hörenswerten Sound; Einfahrt in die Station Mineral, die ein sehr interessantes Museum beheimatet.

Unten Lok Nr. 2 der Cripple Creek & Victor Narrow Gauge Railroad. Diese sehenswerte Bahn mit 600 mm Spurweite liegt in den Rockies westlich von Colorado City.

Detail der Museumslok in Felton, Kalifornien

QUELLENANGABEN

USA mit dem Zug erleben, Herbert Stemmler, Karl-Wilhelm Koch, GeraNova Zeitschriftenverlag

Fern-Express (FE), verschiedene Ausgaben, u.a. Heft 100 und die USA-Themenhefte 102, 108, 116, 121

FE 102: Karl-W. Koch – Bahnen im Big Apple

FE 108: Thomas Kabisch – The Crossroads of American Rails, Eisenbahnmetropole Chicago

FE 116: Jannis Reisch, Wolf-Dietrich Geitz – Georgia Northeastern Railroad

FE 121: Karl-W. Koch – „L", die verkehrte U-Bahn

FE 121: Karl-W. Koch – Nahverkehr im nördlichen Kalifornien

Internetquellen (zuletzt abgerufen: Februar 2014)

http://deutsch.amtrak.com/amtrak/ende/24/_www_amtrak_com/take-the-trains-across-america-with-usa-rail-pass
http://de.wikipedia.org/wiki/Geschichte_der_Eisenbahn_in_Nordamerika
http://de.wikipedia.org/wiki/Joso_Bridge
* http://billingsgazette.com/news/state-and-regional/montana/montana-rail-link-to-spend-millions-on-mullan-tunnel
* http://en.wikipedia.org/wiki/Mullan_Pass
* http://de.wikipedia.org/wiki/Kicking_Horse_Pass
* http://de.wikipedia.org/wiki/Spiral_Tunnel

Bahngesellschaften

http://de.wikipedia.org/wiki/Union_Pacific_Railroad
http://www.up.com/
http://de.wikipedia.org/wiki/BNSF_Railway
http://www.bnsf.com/
http://de.wikipedia.org/wiki/CSX_Transportation
http://www.csx.com
http://de.wikipedia.org/wiki/Norfolk_Southern_Railway
http://www.nscorp.com/
http://de.wikipedia.org/wiki/Canadian_Pacific_Railway
http://de.wikipedia.org/wiki/Klassifizierung_amerikanischer_Eisenbahnen
http://us-modellbahn.net/acela/bmlp1.html
http://de.wikipedia.org/wiki/Black_Mesa_and_Lake_Powell_Railroad

Personen-Fernverkehr

http://www.amtrak.com/ccurl/112/487/California-Zephyr-Schedule-060914.pdf
http://deutsch.amtrak.com/amtrak
http://de.wikipedia.org/wiki/Amtrak
http://de.wikipedia.org/wiki/Northeast_Corridor
http://de.wikipedia.org/wiki/Alaska_Railroad
http://viarail.ca
http://de.wikipedia.org/wiki/VIA_Rail_Canada
http://www.crd.de/reisearten/bahnreisen/via-rail-canada/bahnpaesse/c-107-index.html

Nahverkehr Kalifornien

http://de.wikipedia.org/wiki/%C3%96ffentlicher_Nahverkehr_San_Francisco
http://www.sanfrancisco4you.com/oeffentlicher-nahverkehr/oeffentlicher-nahverkehr-san-francisco.html
http://de.wikipedia.org/wiki/Caltrain
http://www.vta.org/services/light_rail_services.html
deutsch.amtrak.com/amtrak/ende/24/_www_amtrak_com/home
http://de.wikipedia.org/wiki/%C3%96ffentlicher_Nahverkehr_in_San_Francisco
http://wikitravel.org/de/San_Jos%C3%A9_%28Kalifornien%29
http://www.sacrt.com
http://www.sfmta.com/
http://www.bart.gov/
http://www.acerail.com/
http://de.wikipedia.org/wiki/San_Francisco_Cable_Cars

Nahverkehr Chicago

http://www.sueddeutsche.de/reisefuehrer/chicago/stichworte
http://www.transitchicago.com
http://www.chicagotraveler.com/go-chicago-card.htm
https://de.wikipedia.org/wiki/Chicago_Elevated

Nahverkehr New York

http://de.wikipedia.org/wiki/Metropolitan_Transportation_Authority
http://web.mta.info/maps/submap.html
http://de.wikipedia.org/wiki/New_Jersey_Transit

Weitere Nahverkehrsbetriebe

http://www.gonctd.com/coaster
http://www.gonctd.com
http://www.rideuta.com/
http://de.wikipedia.org/wiki/Denver_Light_Rail
http://de.wikipedia.org/wiki/Straßenbahn_Toronto
http://www.gotransit.com
http://de.wikipedia.org/wiki/GO_Transit

Museumsbahnen

http://de.wikipedia.org/wiki/Liste_von_Eisenbahnmuseen
http://de.wikipedia.org/wiki/Getriebelokomotive
http://www.steamlocomotive.com/lists/searchdb.php?country=USA&state=WV
https://en.wikipedia.org/wiki/Cass_Scenic_Railroad_State_Park
http://www.cassrailroad.com
http://de.wikipedia.org/wiki/Cumbres_and_Toltec_Scenic_Railroad
http://www.riograndescenicrailroad.com
http://www.georgetownlooprr.com
http://www.royalgorgeroute.com
http://www.strasburgrailroad.com
http://www.thetrain.com

Weitere Internetquellen zu den Bahnen

http://moabrail.com/
http://utahrails.net/mining/moab-tailings.php
http://www.rockymountaineer.com/de/
http://de.wikipedia.org/wiki/Alaska_Railroad
http://alaskarailroad.com/

Weitere Internetquellen zu allgemeinen Infos

http://www.auswaertiges-amt.de/DE/Laenderinformationen/00-SiHi/UsaVereinigteStaatenSicherheit.html
http://kalender.retira.de/feiertage/kanada/2015

Impressum

Verantwortlich: Martin Distler
Schlusskorrektur: Linde Wiesner
Lektorat: Thilo Kreier
Einbandgestaltung: Ralph Hellberg
Layout und Satz: Helen Garner
Repro: Ludwig Media
Herstellung: Anna Katavic
Printed in Italy by Printer Trento

Die Deutsche Nationalbibliothek verzeichnet diese Publikation in der Deutschen Nationalbibliografie; detaillierte bibliografische Daten sind im Internet über http://dnb.d-nb.de abrufbar.

ISBN 978-3-86245-158-6

Über den Autor

Karl-Wilhelm Koch gilt seit Langem als profunder Kenner der Eisenbahnen in aller Welt. Er lebt in der Eifel und ist im Lehramt für Chemie, Umwelttechnik und Mathematik tätig. Seine Liebe zur Eisenbahn entdeckte Koch erst im Alter von 20 Jahren. Der Weg führte – anders als häufig üblich – von der Fotografie zur Bahn. Neben Veröffentlichungen in Fachzeitschriften und zahlreichen Büchern (auch zur Mathematik und zur Atompolitik) folgte die Mitarbeit beim „LOK Report". Schließlich wurde 1986 eine neue, eigenständige Zeitschrift (heutiger Titel: „FERN-Express") zum Thema „Bahnen im Ausland" gegründet, deren Redaktionsleitung der Autor bis zum heutigen Tag ausübt. Bei GeraMond veröffentlichte Karl-Wilhelm Koch bereits den Reiseführer „USA mit dem Zug erleben" und den „Eisenbahnatlas Europa".
Neben etlichen Reisen in die USA standen in den letzten Jahrzehnten auch Kanada, das südliche Afrika, Neuseeland und Ostasien auf seinem Programm, nachdem zu Anfang selbstverständlich Deutschland und die europäischen Nachbarstaaten beackert wurden. Neben Eisenbahnmotiven finden sich auch häufig landschaftliche Stimmungen und Menschen in seinem Sucher.

Bildnachweis

Michael Bleckmann: S. 181
Thorge Bockholt: S. 30, 107, 108, 110, 111, 112, Umschlagrückseite
David Booker, Sml. Wolf-Dietrich Geitz: S. 40
Hansjörg Brutzer: S. 15, 179
Titus Bütler: S. 12
M. Danneman; Arvada, USA: S. 62
Destination British Columbia: S. 141 u.
Thomas Estler: S. 21, 24, 39, 40, 47, 65, 66, 124, 125, 126, 127, 130, 161, 162, 163, 164, 185, 186, 187, 189
Peter William Greischar; Knightdale, USA: S. 44 u.
Christoph Grimm: S. 27, 29, 55, 59, 60, 66, 91, 94, 95, 99, 100, 102, 104, 130, 131, 151 o. li., 153, 164, 182, 184, 186, 188
David Gubler (bahnbilder.ch): S. 98
Thomas Kabisch: S. 25, 35, 38, 41, 106, 109, 146, 148, 153
Claudia Laux: S. 26
Heiko Rüdiger: S. 23, 35, 36, 37, 38
Philip Wormald: S. 39, 124, 183, 186
Alle sonstigen Abbildungen stammen vom Autor.